JN021233

口絵1　シロウオ（2頁）.

口絵2　2017年九州北部豪雨での山腹の崩壊（左）と土砂の堆積（右）（図1.3，4頁）.

口絵3　遡上するオスのイトウ（左）と氾濫する小河川（右）（図1.6，7頁．提供：（左）三沢勝也，（右）川原満）.

口絵4　川の上を覆い，森から川へのデトリタスや生物の供給を遮断した実験の様子（図1.14，20頁）.

口絵5　現代に残る霞堤，天竜川支川三峰川（長野県伊那市）（図2.10，64頁．2020年12月25日撮影）.

口絵 6 用水路と排水路を兼ねていた昔の水田．19世紀末の日本の田植え風景の着彩写真に，ニューラルネットワークによる自動色付けを施したもの（図2.18上，78頁．カラー化：渡邉英徳（「記憶の解凍」プロジェクト／東京大学））．

口絵 7 いたち川の多自然型川づくり．左は整備前，右は整備後（図3.1，97頁．提供：吉村伸一）．

口絵 8 麻機遊水地のミズアオイ（112頁）．

宮下 直・西廣 淳 編集

人と生態系の ダイナミクス

⑤河川の 歴史と未来

西廣 淳・瀧健太郎・原田守啓 ［著］
宮崎佑介・河口洋一・宮下 直

朝倉書店

シリーズ〈人と生態系のダイナミクス〉編者

宮下　直　東京大学 大学院農学生命科学研究科 教授
西廣　淳　国立環境研究所 気候変動適応センター 室長

第5巻著者

西廣　淳　国立環境研究所 気候変動適応センター 室長
瀧　健太郎　滋賀県立大学 環境科学部 准教授
原田守啓　岐阜大学 流域圏科学研究センター 准教授
宮崎佑介　白梅学園短期大学 保育科 准教授
河口洋一　徳島大学 大学院社会産業理工学研究部 准教授
宮下　直　東京大学 大学院農学生命科学研究科 教授

まえがき

　人類は生物種として出現して以来，自然環境（＝生態系）からさまざまな恵みを引き出し，その利用を通して社会を発展させてきた．同時に，その営みが自然環境を顕著に改変してきたのは論をまたない．とくに，20世紀以降の人口増加と科学技術の目覚ましい進歩は，大規模な土地改変や自然資源の過剰利用をもたらしてきた．これは自国だけでなく，貿易を通して他国への負荷も増大させている．資源の枯渇，処理しきれない廃棄物の発生，地形や土壌の不可逆な改変といった地球規模の環境問題は，人間社会の持続可能性を間違いなく低下させている．最近の地球規模での温暖化や極端気象，それらがもたらす災害は，そうした危機にさらに拍車をかけている．

　こうした中，生態系には多様な機能があり，それが社会の持続性にとって重要であるという認識が，徐々に社会に浸透し始めている．たとえば生態系の保全や持続利用に対して，国や自治体が支援するしくみが整いつつある．また生態系の価値を市場メカニズムに組み込む試みや，生態系の保全と地域活性化を連動させる試み，さらに自然が潜在的にもつ能力を防災・減災に積極的に活用する試みも散見される．これらは，人と自然の関係を再構築し，新たなフェイズに向かわせる動きととらえることができる．

　だが，その動きはいまだ限定的であり先行きが不透明である．最近のマスコミ報道でも明らかなように，国や企業は，ICT（情報通信技術）やAI（人工知能）が招く新たな価値創造をめざした社会づくりを進めつつある．国際競争力を高めるためのスマート農業はその典型だろう．だが，生産性や効率のみを追い求めた過去が，予期せぬ環境問題や社会問題を引き起こしてきたことを忘れてはならない．逆説的かもしれないが，今こそ過去の歴史に学び，これからの時代に合った「価値の復権」を探ることが必要ではないだろうか．これは，現代文明を捨てて社会を昔の状態に戻そうという主張ではない．人間とその環境の関係を加害者と被害者のように単純化するのではなく，人間と環境がダイナ

ミックに作用し合ってきた歴史の文脈で「環境問題」をとらえ，未来を創造的に議論しようという意味である．そもそも私たちは，日本の自然や社会のルーツとその変遷をどれほど知っているだろうか．自分自身の生活や社会の歴史を知ることは，文化も含めた価値の再認識につながるはずだ．先行きが不透明な時代を迎えた今，経済至上主義や短期的な利便性の追求といった価値観を超え，日本人が長年培ってきた共生思想や「もったいない」思想を生かす技術革新や制度設計，そして教育改革が，明るい未来を拓くことにつながるに違いない．

　編者らが本シリーズ（全5巻）を企画した背景は上記のとおりである．本シリーズでは，人との長年のかかわり合いの中で形成されてきた五つの代表的な生態系―農地と草地，森林，河川，沿岸，都市―を取り上げ，①その成り立ちと変遷，②現状の課題，③課題解決のための取り組みと展望，を論じていく．編者や著者らの力量不足で，新たな価値の復権には至っていないかもしれないが，少なくともそのための材料提供になっているだろう．また国連が定めたSDGs（持続可能な開発目標）の達成が大きな社会目標となっている現在，人と自然の歴史的なかかわりから学ぶことは多いはずである．その意味からも，本書は示唆に富む内容を含んでいるに違いない．

　本書は純粋な自然科学でも社会科学でもない，真に分野を横断した読み物として手に取っていただくとよい．著者らは，基本的に生態学や政策学の専門家であるが，今回の執筆にあたっては，専門外の内容をふんだんに盛り込み，類書にないものに仕上げたつもりである．生態学や環境学にかかわる研究者，学生はもとより，農林水産業，土木，都市計画にかかわる研究者や行政，企業，そして生物多様性の保全に関心のあるナチュラリストなど，広範な読者を想定している．単なる総説にとどまらない，かなり挑戦的な内容も含んでいるため，未熟な論考もあるかもしれないが，その点については忌憚のないご意見をいただければ幸いである．

　シリーズ第5巻となる本書では河川を取り上げる．近年，台風や線状降水帯による集中豪雨，都市を襲うゲリラ豪雨など，水による災害が激甚化している．とくに山地が多い国土の中，限られた低平地に都市を発達させてきた日本では，水による災害への対応は大きな社会的課題である．一方，日本はコメづくりに

支えられてきた国であり，日常生活や食糧確保でも水との関係が切り離せない．今では水害のリスク要因としてのみ認識されている「洪水」も，かつては肥沃な農地を育む重要なプロセスであったと考えられる．『古事記』のヤマタノオロチ退治にみられるように，私たちの先祖は暴れる竜＝河川を適度に諌めることで社会を発達させてきた．またその治水の方法も，技術の発達と社会情勢の変化に伴い，変化し続けてきた．その過程には何度か「画期」というべきポイントが存在した．

　著者らは，21世紀の四半世紀が終わりつつある現在を，日本における河川と人の歴史における画期の一つと考えている．その背景には，想定を超える豪雨によりこれまでの治水アプローチの限界が強く認識されてきたこと，これまでの河川管理や水田管理の負の側面が明らかになってきたこと，人口の減少により土地利用についてより柔軟な議論が可能になりつつあることなどがあげられる．河川の威力の前に従ってきた時代から，河川を力で抑え込もうとしてきた時代を経て，これからはより謙虚に河川の自然に向き合う時代に差しかかっているという言い方もできるかもしれない．著者らは，災害時と平常時の両面の河川に現場で触れ，また河川管理者，農業者，自然保護活動家の方々と対話を重ねる中で，この画期の到来を強く感じている．その雰囲気をなるべく広く共有してもらいたいと考え，この本を執筆した．

　本書は3章から構成される．第1章は，河川の自然を理解する基本的なとらえ方を解説する「河川生態学入門」に相当する章である．河川の生物相の成立メカニズムや，その生物多様性を維持するダイナミックなシステムについて解説する．人による河川へのかかわりは時代とともに変化するものの，本質的には変化しない部分を重視して解説した．第2章は，古代から現代までの日本における河川と人のかかわりの歴史を紐解く「河川と人の関係史」の章である．一口に「治水」といってもその考え方やアプローチは時代時代で変化してきた．それに応じて，河川の生態系も影響を受けてきた．その歴史を概観する中で，現代の位置づけを考える．第3章は，日本の中で動き始めた，「河川と人の新しい関係」の解説である．2015年に閣議決定された国土形成計画で「グリーンインフラ」という言葉が使われて以来，自然環境をインフラとしてとらえなおし，河川の動態や流域の水循環の理解を踏まえた管理への模索が開始されている．

新たな時代の胎動ともいうべき取り組みを紹介する.

　この本の著者のうち，宮崎，河口は魚類を中心とした河川の動物生態学が専門，西廣は植物生態学，原田，瀧は土木・河川工学，宮下は生態学全般が専門である．著者に歴史の専門家は含まれておらず，とくに第2章は，研究というよりも勉強しながら書いた部分である．専門家からみたら不十分な記述や偏った視点が多く含まれているかもしれない．ぜひご批判をいただきたい．著者それぞれの想いがこもった原稿を出し合い，全体を西廣が整理してまとめた．本書の内容に間違いや問題があれば，筆頭著者の責任である．

　本書が，河川の自然や川と人のかかわりに関心をもつ多くの読者に，何らかの刺激となることを期待している．

　本書の作成にあたり，さまざまな方にお世話になった．岡田百合氏にはイラストをご提供いただいたほか，本文中にお名前を記した多くの方々から写真をご提供いただいた．また本書の内容の多くは，著者らが共同研究や河川管理・生態系管理の活動を通して，さまざまな方々から教えていただいた知識に基づいている．さらに朝倉書店編集部の方々には，入稿の大幅な遅れやさまざまな不手際について，辛抱強くお付き合いいただき，刊行までご尽力いただいた．これらの皆様に，心からのお礼を申し上げる．

　　2021年8月

　　　　　　　　　　　　　　　　　　　　著者を代表して　西廣　淳

目　　次

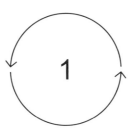

生態系と生物多様性の特徴

　私たちは日常的に経済や社会のあり方に大きな関心をもち，それらを動かす活動に多くの時間を割いている．しかし経済や社会は自然環境に支えられている（図1.1）．私たちは，経済や社会にとって都合のよいように自然を改変してきた．その改変は，特定の生物が増えやすい条件をつくったり，河川の流れ方に手を加えたりという比較的弱い段階から，地形そのものを変えるような強い段階へと変化してきた．いわば図1.1の2段目の層を徐々に拡大させてきた．し

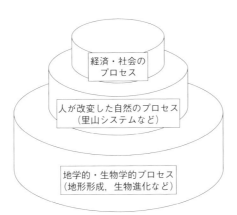

図 1.1 経済・社会的プロセス，人が自然を改変してつくりあげてきたプロセス，人間活動が始まる以前から存在したプロセスの関係．

かし大陸の移動や火山活動による地形形成や，生物の進化・生物間の相互作用のように，人間活動が始まる前から存在するプロセスも存在する（図 1.1 の最下層）．この構図はさまざまな生態系で成り立つと思われ，河川についても成り立つ．本章では，まず日本の河川のさまざまな表情を概観した上で，図 1.1 の最下層にあたるプロセスについて，生物学的な側面を中心に解説する．

1.1　日本の河川の諸相

(1)　九州の春，シロウオが上る白い川

　春，博多湾に注ぐ室見川の河口では，ハの字型の梁（遡上する魚をとらえる仕掛け）が川を横断するように幾重にも設置され，春を告げる魚，シロウオ漁が行われる（図 1.2 上）．シロウオはハゼ科の魚で体長は 5〜6 cm 程度，透き通る魚体が特徴で，満潮時の上げ潮に乗って群れで海から河川へ遡上し，産卵場を目指す（口絵 1 参照）．梁で捕まったシロウオは活かしたまま河畔の料亭に運ばれ，酢醤油で食べる「躍り食い」をはじめ，かき揚や卵とじなどさまざまな料理に供され，観光客にも人気がある．このシロウオ漁は江戸時代から続く伝統漁法である．シロウオの漁や食は，桜の花見とあわせて福岡の春の風物詩となっており，博多っ子には不可欠な要素だ．しかし，近年シロウオ漁は不漁が続いており，川の漁協と地元大学が連携して産卵場の造成を行っている．

　シロウオが産卵場として利用する室見川下流域は，川底も一面が白い砂で覆われている（図 1.2 下）．川を上流に遡っても，やはり同じように砂が多くみられ，"砂の川"の印象は変わらない．上流から下流まで，河床が砂で覆われた川は，初めてみる人に不思議な印象を与える．この砂はマサ（真砂土）と呼ばれ，花崗岩が風化してできたものである．花崗岩は，新しいと固く石材などに利用されるが，風化が進むとボロボロに崩れるといった特徴がある．室見川の上流域の地質は古い花崗岩で，風化した花崗岩から生成するのがこのマサである．

　マサの川は，室見川を含む九州北部だけでなく，中国地方の大部分，四国や近畿の一部と，西日本で広く分布している（農村振興局 2011）．白くて綺麗なマサの川だが，風化した花崗岩は崩れやすいため，その流域は大雨による土砂災

図 1.2　室見川河口のシロウオ漁（上）と河川の様子（下）.
提供：伊豫岡宏樹.

害の危険性が高い.

　2017 年 7 月の九州北部豪雨で広範囲で表層崩壊が生じたのもそのようなマサ
の流域であった．この豪雨では福岡県北部で次々に発達した積乱雲が線状降雨
帯を形成し，福岡県朝倉市では 3 時間で 400 mm，12 時間で 900 mm の雨が降
った．この地域は杉の産地で，現在でも広範囲で林業が営まれている．大雨に
より，植林地の斜面が崩壊し，大量の土砂や流木が谷底を埋めた．居住地，道
路，棚田，河川といった谷底平野にあった構造物がほぼすべて土砂に飲み込ま
れ，まさに新たな「平野」になった場所もあった（図 1.3，口絵 2 参照）.

図 1.3　2017 年九州北部豪雨での山腹の崩壊（上）と土砂の堆積
　　　　（下）（口絵 2 参照）.

　谷底平野は，河川が運ぶ土砂で形成された平野と説明される．この説明だけ
だと，普段平野の中で一番低い場所を流れている河川がどうして土砂を平野に
運び込むのだろう，と疑問を感じるかもしれない．しかし上記のような現場を
みると納得する．谷底平野を構成する土砂を運んでくる「河川」は，平常時の
細い流れではなく，山と山の間の空間すべてを指すのだ．大雨で斜面から供給
された土砂がまず谷を埋めて平らな土地をつくり，その中で水が新たな道筋を
つくり，新たな「河川」となる．2017 年九州北部豪雨の現場の調査では，その
瞬間を目の当たりにした．

　谷底平野は山からの清水や河川の水を利用でき，農業にも適した場所である．
長い歴史の中では，このような崩壊が何度も生じ，それにより農業の基盤とな

る平野がつくられてきたのだろう．土砂災害は避けるべき「問題」だが，大雨に伴って山から大量の土砂が供給されるというプロセス自体は，人間活動の基盤をつくる重要な現象といえるだろう．

(2) 北陸の春，融雪出水とサクラマス

桜の開花前線が九州から北上するにしたがい，北陸から東北，北海道にかけての河川では，体長50～60 cmのサクラマスの遡上がみられる．富山県の神通川は，古くからサクラマスやサケ，アユ漁で栄えた川である（田中 2009）．富山県内の河川，黒部川や常願寺川などは立山連峰を含む北アルプスの高山帯に源を発する川が多く，上流域は急峻な渓谷を流れ落ち，平野に出て扇状地を形成し，海に注いでいる．平野の区間が短いため，海に近い場所でも河原の石は大きく，一抱えほどもある大きな石がごろごろしているのが富山の川の特徴だろう．サクラマスの遡上のきっかけは春先の雪解けで川の水が増える融雪出水と関係しており，遡上時期と桜の開花が重なるため，サクラマスと呼ばれるようになったといわれている．

サクラマスはサケ目サケ科サケ属の魚で，河川残留型をヤマメ，降海型をサクラマスという．サクラマスといってもピンとこない人も多いだろうが，鱒のすしは，一度は食べたことがある人も多いだろう（図1.4）．富山の鱒のすしは駅弁で有名になったが，その歴史は古く，平安時代のなれずしが起源となり，その後，江戸時代に流行った「早ずし」の手法を取り入れ，今日の鱒のすしのスタイルに至ったと考えられている（田中 2009）．今は鱒のすしが人気だが，同

図1.4 鱒のすし．

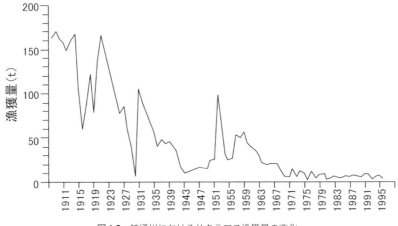

図1.5　神通川におけるサクラマス漁獲量の変化.
田子（1999）を改変.

じように鮭ずしや鮎ずしもつくられてきた（重村 1955）. 現在でも，富山市内に
鱒のすしの専門店は十数件あり，店による味の違いを味わうのも楽しい. サク
ラマスの身は上品な脂が乗り，どんな調理法でもおいしく食べられる. 海で捕
獲したものより川に遡上してからのほうがおいしいとか，鱒のすしも一晩おい
たほうがおいしいなど，その味への人々のこだわりは深い. しかし，近年，富
山におけるサクラマス漁獲量は著しく低下しており（図1.5），鱒のすしも，多
くは北海道など他地域から富山に運ばれた材料でつくられている.

　サクラマスの減少の原因は複数考えられる. 海と川を行き来する回遊魚であ
るため，河川に設置されたダムや堰により移動が妨げられると生活史が完結で
きなくなる（田子 1999）. また，サクラマスの幼魚は昼と夜で利用する環境が異
なることや，冬季の越冬環境の重要性も調べられている（井上・中野 1994，渡辺
ほか 2006b）. これらに加え，海から遡上した成魚は淵を好むというように，サ
クラマスは河川内の多様な環境を利用している（豊島ほか 1996）. したがって，
河川が直線化されて河川内の環境が単調になると，生息が困難になることが考
えられる. 神通川など富山市を流れる河川におけるサクラマスの復活は，鱒の
すしの文化継承とも関係し，地域にとってとても重大な課題である.

(3) 北海道の春，あふれる水，蛇行する川とイトウ

　日本最北の地，稚内を含む北海道の道北エリアは，北海道でもとくに豊かな自然が残る地域である．この地域の気温は3月下旬ごろからゆるやかに上昇し，暖かい日には山の斜面の雪解けも加速し，徐々に川の水量も増えて水がうっすらと濁ってくる．渓流釣りの愛好家が「笹濁り」と呼ぶこの状態は，4月中旬によくみられる．

　日本最大の淡水魚イトウは，融雪による流量のピークにあわせて，曲がりくねった川を下流から上流に遡上してくる（図1.6上，口絵3参照）．イトウはサケ目サケ科イトウ属の魚で，春に産卵を行う．国内に生息する在来のサケ科魚類（サケ，カラフトマス，サクラマス，アメマス）が秋に産卵するのに対し，イト

図1.6　遡上するオスのイトウ（上）と氾濫する小河川（下）
（口絵3参照）．
提供：（上）三沢勝也，（下）川原満.

ウのみが春に産卵する（江戸 2002）．イトウは 20 年近い寿命をもち，生涯に繰り返し産卵を行うといった特徴がある．イトウは生涯の中で，川と海の両方を利用する個体がいることが明らかになっている．川と海の移動の特性は，耳石（平衡感覚に関与する組織）を使った解析から把握することができる．耳石の断面には，1 日に 1 本が形成される木の年輪のような模様（日輪）がある．特定の日輪の部分を切り出し，その成分におけるカルシウムとストロンチウムの比を調べると，その日輪が形成された時点で海〜川のどのあたりで生活していたのか推定できるのである．解析からは，イトウは川の上流で生まれ，その後下流に降り，汽水域で過ごすだけでなく海に出ていることや，川と海を複数回移動している個体がいることも明らかになっている（Suzuki et al. 2011）．

　ペアとなる相手を求め，体長 1 m を超えるイトウが川の上流に遡上してくる．産卵期のオスのイトウは，鰓から尾にかけて真っ赤な婚姻色をまとうので，増水した笹濁りの川でも比較的見つけやすい．メスとペアになるため，オスはほかのオスを激しく追い払い，時には噛みつき，そして勢い余って浅瀬に乗り上げることもある．このようなメスをめぐる激しい競争に勝った大きなオスは，メスとペアになり次世代を残す．メスはオスのような明瞭な婚姻色はみられないが，産卵の瞬間に雌雄とも口を大きく開ける．その際，口の中が白くみえるため産卵の瞬間は陸上からも確認できる．秋にみられるサケの産卵も感動的だが，雪が残る春に繰り広げられるイトウの営みもダイナミックで美しい．

　このようなイトウの産卵がみられるのは，水面幅が 2〜4 m 程度の山の中の曲がりくねった小さな川である．その少し下流では，複数の支流が本流と合流している．川の勾配がゆるやかになり農地が広がりだすあたりでは，本流と支流の合流点の周辺で川の水位が上がり，水が周辺にゆるやかにあふれ出す．梅雨や台風による増水のような激しさや怖さのないゆるやかな「洪水」は，ミズバショウが咲く湿地帯を潤し，豊かな水辺の営みを感じさせる不思議な景色である（図 1.6 下，口絵 3 参照）．

　しかし，北海道の多くの河川，そして東北や北陸といった豪雪地帯の河川でも，蛇行する川は姿を消して直線化された区間が増え，農地や排水路の改修が徹底されており，蛇行する川とゆるやかに川の水があふれる景色はみられなくなっている．このような河川改修の問題については第 2 章で，過去に直線化した

河川を再び蛇行させるなどの自然再生の取り組みについては第3章で述べる.

(4)　田んぼの春，コイの「のっこみ」

　利根川下流域や霞ヶ浦など，関東平野の水辺でみられる春の風物詩はコイやフナの「のっこみ」である. 水面と陸上の境界部，マコモやヨシなどが生える浅い水域にこれらのコイ科魚類は乗り込み，バシャバシャと水しぶきをあげながら産卵する. 魚の背中が露出するくらい浅い場所でたくさんの大鯉が乗り込んでいる様子は壮観だ. のっこみは3月後半から梅雨時期まで，とくに雨が降って水位が高くなった翌日などでみられる. 植物が生い茂る浅い水域は大型の魚類が入り込みにくく，仔稚魚の生息場所として適しており，親はそのような場所に入り込んで産卵する（水野 1993）.

　コイやフナの盛んな産卵行動は，現在では河川や湖沼の沿岸の「水辺」でのみみられるが，河川と田んぼが堤防と水門で仕切られる以前は，田んぼや周辺水路で盛んにみられたそうだ. 図1.7は昭和50年代の茨城県南部，霞ヶ浦付近の田んぼの写真である. 水田と水路が低い畦畔でのみ仕切られているのがわかる. その水路はそのまま利根川や霞ヶ浦につながっている. 魚類が容易に入ってこられる環境であることはいうまでもない. この時代の水田を知っている人と昔話をすると，決まって，「田んぼでの魚とり」の話題が出る. 田んぼでとれる魚は，ドジョウ，コイ，フナ，ナマズが定番だが，昔の様子を知る人の話で

図1.7　茨城県潮来市付近における農地と水路.
撮影：鴻野伸夫，昭和52（1977）年.

もっともよく登場するのはウナギである．田んぼの畦畔にくぼみをつくってお
き，夜のうちにそこに入り込んだウナギを翌日手づかみで捕まえたという話も
聞いた．ニホンウナギは太平洋で産卵し，幼生の状態で近海域に到達し，「シラ
スウナギ」と呼ばれる変態した稚魚が河口域にたどり着き，川や沼地を遡りな
がら成長する．田んぼでウナギがとれたという事実は，田んぼから太平洋まで，
ニホンウナギの移動を妨げる遮蔽物が存在しなかったことを意味する．

　多くの地域で，「田んぼ」と「河川」は，つい最近まで一体の存在であった．
このつながりを大きく変えた「画期」は，水田の圃場整備と河川改修である．
現在では田んぼは生産性を高めるために乾田化され，かつて用水路と排水路を
兼ねていた水路の機能はパイプラインの用水と，深い排水路に分離された．河
川は流域の水を下流に流す排水路としての機能が重視され，深く掘り下げら
れ，直線化された．田んぼと河川が生産と排水というそれぞれ単一の機能を追

図 1.8　排水機能を高めるために掘り下げられた河川
（写真手前側）と農業水路との間に設けられた
フラップゲート．

求した結果，田んぼと河川の関係は断絶した．象徴的な構造物は，農業排水と河川の間にしばしば設けられるフラップゲートである（図1.8）．農業排水をすみやかに河川に流すとともに，大雨で河川の水位が上がったときには逆流を防ぐ弁として機能する．生産と排水だけを考えたらきわめて合理的な構造物だが，このような改修が進んだ結果「雨の日に魚が田んぼに上ってくる」というプロセスは損なわれた．

　水田の圃場整備がもたらした恩恵は計り知れない．日本で米を食べている人のほぼすべてが，その恩恵を受けているだろう．しかし，国民の食を支えた水田の近代化が負の側面をもつことは知った上で，将来の食糧生産のあり方を考える必要がある．

1.2　日本の河川の魚類相の成り立ち

　そもそも日本の河川に生息する魚類はどのようにして日本列島の河川で暮らすようになったのだろうか．この問いに対する答えは種やグループによって異なるものの，大まかなパターンは通し回遊魚と純淡水魚に分けて理解することができる．

(1)　通し回遊魚

　一生の中で河川と海域の両方を利用する魚類を通し回遊魚という．通し回遊魚はさらにその生活史型によって，遡河回遊，降河回遊，両側回遊の3タイプに分けられる（図1.9）．

　遡河回遊魚は，河川で産まれてしばらくの期間をそのまま河川で過ごしたあと，海へ降りてさらに成長し，産卵のために河川を遡る生活史をもつ．ヤツメウナギ類やサケ科魚類の多くがこれに該当する．

　降河回遊魚とは，海で産まれ稚魚期に河川へ遡上し，一生の大半を河川で過ごし，産卵のために海へ戻っていく生活史を有するグループである．ウナギ類はその代表格である．

　最後の両側回遊魚は，川において卵が孵化するものの，孵化仔魚はすぐに流

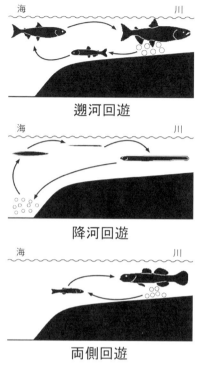

図1.9　通し回遊魚における3つのタイプ.

下して海に降り，若干の成長を遂げた幼魚（多くは稚魚期）の段階で河川へ遡上する生活史をもつ．つまり基本的には河川で成長するが，生活史の初期に一時的に海に滞在する生活史をもつ魚類を指す．アユ，河川性のカジカ科魚類とハゼ科魚類などが両側回遊魚に該当する．

　魚類にとって淡水と海水はまったく異なる環境である．淡水と海水では浸透圧調整においてまったく異なる能力が要求されるからである（渡邊 2017）．浸透圧の違いにより，水は塩分の低いほうから高いほうへ移動しようとする．淡水中では，魚類の体内のほうが周辺の水よりも濃度が高いため，体の組織内に水が入りすぎてしまう．これを避ける仕組みとして，淡水魚は口から水を飲まず，食物中や水中の塩類を腸から吸収するとともに，体液よりも濃度の薄い尿を大量に排出する（図1.10）．逆に海水では魚の体液の浸透圧は海水の約3分の1程

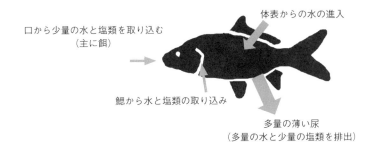

口から少量の水と塩類を取り込む
（主に餌）

体表からの水の進入

鰓から水と塩類の取り込み

多量の薄い尿
（多量の水と少量の塩類を排出）

口から多量の水と塩類を取り込む
（海水と餌）

体表からの水の喪失

鰓から水と塩類の排出

少量の体液と等張の尿
（少量の水と塩類を排出）

図 1.10　魚類の浸透圧調節.
周辺の浸透圧が低い淡水の場合（上）と，浸透圧が高いか海水の場合
（下）を示す.

度であるため，そのままだと魚体の水分が外に奪われてしまう．海水魚は海水を大量に飲み，水分を腸から吸収し，体内に入ってきた余分な塩類を鰓から排出する．さらに体液と等張の，淡水魚よりも濃い尿を少量排出することで，体内の水を保持している．

　一生のうちに淡水域と海水域の両方を利用する通し回遊魚は，生活史の段階あるいは周囲の環境の状態に応じて体の生理的な状態を変化させ，体液の濃度調節方法を変えている．このような浸透圧調整の仕組みを備えた通し回遊魚にとって，海は分布拡大における大きな障壁にならない．そのため長い歴史の中では，河川から河川へ，あるいは大陸から島へといった，海を経由した分布拡大が生じても不思議はない．

　ニライカナイボウズハゼという魚が，沖縄島の 1 河川において採取された 3 個体の標本に基づいて新種として発表された（Maeda 2014）．琉球諸島は多くの魚類学者が足繁く訪ねる地であるが，同じ特徴をもつハゼは過去にも観察事例

がまったくなかった．しかし，この種を含むナンヨウボウズハゼ属は，海域を介して広く分布拡大してきたことが知られているグループである．そのためニライカナイボウズハゼは，沖縄よりも南方のどこかの河川から近年に分散してきた個体に由来するものと考えられている．このように黒潮流域では，南方の地域に生息する通し回遊魚が，より北の流域に進入しては，まれに定着に成功するという過程が現在でも生じているものと考えられる．

(2)　純淡水魚

純淡水魚は，基本的には塩分調整能力をもたないため，海域を経由して分布を拡大できない．そのため水系が異なる河川間の移動は考えにくい．純淡水魚が海を通らずに移動する方法はあるだろうか．

2020年，ハンガリー・ドナウ研究所生態学研究センターの研究チームは，水鳥が魚類の卵の分散者になる可能性を検討した実験の結果を発表した．コイ科の魚類の卵をマガモに食べさせたこの実験では，0.2％の卵が消化管を経ても生き残り，一部は孵化にも成功したという（Lovas-Kiss et al. 2020）．移動能力の高い鳥類を媒介にすれば，魚類が水系を越えて分布拡大することも可能だろう．鳥が卵を直接食べるというプロセスのほか，魚卵が付着した水草が水鳥の脚などに付着し，そのまま別の河川に運ばれることも，可能性としては考えられる．

しかし，このような移動はきわめてまれだし，すべての魚が，鳥が食べるような水草に卵を産むわけではない．ましてや，新しい水系に定着するためには，同種の個体がある程度まとまった数で持ち込まれないと繁殖して個体群を定着させることはできない．そう考えると，多くの純淡水魚の種が複数の河川にまたがって分布している現状はとても不思議なことに思える．

この疑問を解くカギは，時間的な視野を広げることでみえてくる．時代を遡ると，現在では別の河川でも相互につながっていた時代があるのだ．地球が今よりも寒冷で，海水面が低かった時代を考えてみよう．現在では別の河口で海に注いでいる河川が，現在では海底になっている場所で，相互に合流していた可能性がある．たとえば約10〜15万年前の更新世後期には，海水面は現在より約100〜130mも低かったと推定されている（大嶋 1991）．現在は別の河川として海に流れ込んでいる河川が，この時代には（現在では海底になっている）下

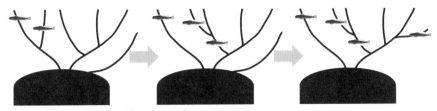

図 1.11　河川争奪と魚類の分布のイメージ.
河川のつながり方が左から右のように変化した結果，魚類が徐々に分布を拡大した現象を表している.

流部分で合流していたケースは多数あったものと考えられる．10 万年という時間は生物相の成り立ちを考える上ではそれほど長い時間ではない．海水面が低かった時代に大河川の中を自由に移動して生活していた魚類が，現在では個別になっている河川のそれぞれで生活していることは，それほど不思議なことではない（後藤 1994，渡辺ほか 2006a）.

　海水面の変動と並び，純淡水魚類が水系を越えて分布を拡大する重要なメカニズムと考えられるのは，河川争奪である．河川争奪とは，造山活動や山地の土砂崩れのような地形変化によって河川の流路が変わり，水系の範囲が変化する現象である（図 1.11）．たとえば現在，兵庫県の尼崎市と西宮市の市境に河口をもつ武庫川と，それより 50 km ほど西に河口をもつ加古川は異なる水系であり，兵庫県中部を流れる篠山川は加古川の支流である．しかしヴュルム氷期までの篠山川は，武庫川の一部だったとされる（野村 1984）．火山の噴火や造山活動など地形の変化が著しい日本の河川では，河川争奪は頻繁に生じてきたと考えられている.

　このように，隣接する河川が地学的事象によって連結したり分離したりして，河川の水系ネットワークの在り様は長い時間をかけて徐々に変化し，それに伴い河川に生息している淡水魚も分布域が変化してきた．現在，日本列島には中央分水嶺に水源をもち，同一水源ながら日本海と太平洋の双方に注ぐ水系ネットワークもわずかながら存在する．たとえば，兵庫県丹波市の水分れ公園では，同一水源から加古川水系高谷川として瀬戸内海（太平洋側）へと注ぐ流路と，由良川水系黒井川として日本海へ注ぐ流路の二手に分かれる場所として知られる．由良川水系土師川流域には，本来であれば日本海に注ぐ河川には生息しな

い「ミナミメダカ東瀬戸内型」が自然分布するが，これは，このような太平洋側と日本海側へ注ぐ河川が，水系連結や河川争奪を経て成立したことを反映していると推測される．なお，他方の由良川下流にはキタノメダカの自然分布地が存在し，同水系における両種の振る舞いの差異や自然環境下における交雑が確認されておらず，両種の生殖隔離を示す根拠の1つとされている（Asai et al. 2011）．

　ここまで説明したように，淡水魚としての性質を維持したまま分布拡大をした魚類がいる一方で，日本列島が誕生してから，海洋性あるいは通し回遊性から純淡水性に進化したと考えられる魚類も存在する．たとえばハナカジカやハリヨがそれに該当する（後藤 1994，渡辺ほか 2006a）．またメダカ科魚類は純淡水魚ではあるものの，海水環境に順応できる個体も存在する（佐々木・伊東 1961）．このように「海水に耐えられる淡水魚」が，水系を越えて移動したり，また海水面が低く海峡が狭かった時代に大陸から分布を拡大してきたりしたことは，容易に想像できる．

　なお，伊豆諸島や小笠原諸島のように，大陸と地続きだったことがない島，すなわち海洋島には在来の純淡水魚は存在しない．海域を経由できる通し回遊魚のみが河川を利用する在来種として生息する．たとえば小笠原諸島の河川には在来種としてボウズハゼやオガサワラヨシノボリくらいしか生息していない．後者は近縁なほかのヨシノボリ属魚類と同様に，過去に海域を介して定着した個体群が150万年前後の期間での進化で生じた固有種と考えられる（Yamasaki et al. 2015）．

（3）　人為による魚類の分布変化

　水鳥以外にも，水系をまたいで魚を移動させる動物は存在する．人間もまた然りである．とくに，食べておいしい魚類については，河川を越えて移動させることはあっただろう．第2章で詳しく述べるように，かつての水田は米づくりだけでなく，魚の養殖場・採取場としても重要であった．そのような「水田漁撈」で使われる魚類は，米や野菜の種苗と同じように，他地域へ分け与えたり，あるいはそれらを伴って移住したりといった人間の社会的なプロセスで，分布を拡大した可能性は十分にある．もちろんアユやサケ科魚類など水田を利用しない魚類についても，有用な魚類を輸送して河川に導入するということは

図 1.12　飼育型（A）と野生型（B）のコイ.
提供：神奈川県立生命の星地球博物館
（撮影：瀬能宏）.

十分に考えられる.

　日本のコイには，飼育型と野生型と呼ばれる2通りのタイプがいることが知られている.　形態もやや異なり，飼育型は体高が高く，背中が盛り上がったような形になっているのに対し，野生型は細身で，鯉のぼりの鯉のような形をしている（図1.12）.　飼育型と野生型の区別は少なくとも明治時代くらいからなされていたらしいが，これらが遺伝的に識別でき，系統的な由来が異なるものであることがわかったのはDNAの解析が進んだ近年のことである（Mabuchi et al. 2005）.　遺伝解析からは，飼育型は大陸由来であり，野生型は日本固有の系統であることが示唆されている.　現在では，野生型のコイは飼育型のコイとの間で交雑が進んではいるものの，琵琶湖など各地で野生型のコイが残っていることや，野生型のほうが動物食の傾向が強く，飼育型のほうが植物食の傾向が強いこともわかってきている（Matsuzaki et al. 2009）.　コイは水田での飼育など稲作との結びつきが強い魚類である.　もしかすると，もともと野生型コイが暮らしていた日本の河川や湖沼の沿岸に，米づくりの文化とともに飼育型コイが持ち込まれ，全国に分布を拡大していったのかもしれない.

1.3　河川生態系をとらえる視点：連続性と変動性

　河川にはそれぞれ個性がある．同時に，複数の河川を眺めると，その生態系を特徴づけるルールの共通性もみえてくる．河川生態系の特徴を理解する上で重要な視点をあげるとすれば，連続性と変動性になるだろう．

　連続性には，河川の上流と下流の連続性，いわゆる「縦方向」の連続性と，河川と周辺の土地の間の「横方向」の連続性の二方向がある．河川の上下流，河川と周辺という異質な生態系が相互につながっていることで，河川固有の生態系が成立している．

　変動性とは，融雪や季節的な降雨と渇水など，水の供給量のゆらぎが生み出す変動性である．もし水位の変動性が失われると，常に水が流れる場所と，まったく冠水しない場所に二分された状態になる．しかし実際には水位の変動があるため，陸とも水ともつかない「あいまいな空間」ができる．このあいまいな空間には，河川周辺にある，河川の水路とつながる時期や期間が相互に異なる多様な場が含まれる．この空間がさまざまな動植物の生育・生息と独特の文化を育んできた．これら連続性と変動性についてより詳細にみてみよう．

（1）　陸と水のつながり

　知床やアラスカのヒグマが川でサケの仲間をとらえる様子は，ときどき自然番組で目にする光景である．よく知られた木彫りの北海道土産もこれをヒントにつくられている．臆病な野生動物でも，産卵のため大量に河川を遡上するサケをみると警戒心も薄くなるのだろう．もっと身近なところでは，カワセミが川辺の灌木に止まって小魚やアメリカザリガニを狙っている姿も有名である．実際にみたことのある人は少ないかもしれないが，フォトコンテストなどの定番で，都会の自然愛好家には人気のショットである．このように陸に棲む多くの生物が河川の生き物に依存している．

　逆に，河川の生物，とくに魚類は陸上から移入してくる昆虫などを餌として利用している．渓流釣りをする人は，川虫（カワゲラなどの水生昆虫）を餌に使うこともあるが，ブドウ虫（ブドウスカシバというガの幼虫）のような陸の

図 1.13 渓流と渓畔林で起きている生物の移動と食う-食われるの関係.
濃い黒い矢印は, 生態系間での生物の移動を伴う関係. Baxter et al. (2005) をもとに作成.

昆虫を使うこともある. 実際, 川や池の魚が水面に落下した昆虫をパクリとする姿を見かけることも珍しくない.

図 1.13 は, 渓流と渓畔林の間で起きている生物の移動, そして「食う-食われる」の関係を示している. ここでは, ごく代表的なものを示したにすぎないが, さまざまな生き物がかかわっているのがわかるだろう. この項では, 陸から河川, そして河川から陸へ, どんな生物がどれだけ移動し, どのようなかかわり合いをもっているかをみていこう.

a. 陸から河川へ

河川の上流では, 周囲を森林に囲まれ日射量が限られている. 一方で, 渓畔林からは多量のデトリタス（落葉や生物遺体）が供給される. 渓流内の植物が光合成する量はわずかであり, 陸域から流入するデトリタスが渓流内の物質やエネルギーの基盤となっている.

陸からはデトリタスだけでなく, 昆虫などが生きたまま流入してくる. その量はデトリタスと比べれば微々たるものであるが, 昆虫などはタンパク質や脂質などの栄養素が豊富で, 動物食性の甲殻類や魚類などの高次消費者にとっては質の高い餌となっている.

図1.14　川の上を覆い，森から川へのデトリタスや生物の供給を遮
　　　　断した実験の様子（口絵4参照）．

　渓流と渓畔林の間での生物の移動，またそれが生態系で果たす役割について
の研究は，日本が世界をリードしてきた．北海道大学苫小牧演習林を流れる幌
内川の研究では，河川性サケ科魚類であるオショロコマやサクラマスといった
渓流魚が，1年間に食べる餌の約50％を森林から落下する昆虫類（主にガの幼
虫など）に依存していることが示されている（Kawaguchi and Nakano 2001）．も
ちろん，陸生昆虫でまかなわれない残りは，河川内に棲む水生昆虫（正確には
カゲロウ，カワゲラ，トビケラなどの幼虫）である．渓流に昆虫が落下する量
は，樹木の葉が展開して森が緑に覆われる初夏から夏にかけて多くなり，それ
以外の季節の落下量はごくわずかである．数か月という比較的短い間の落下昆

図 1.15 渓流に落下したカマドウマの一種（*Diestrammena* sp.）（左），および網で採集したハリガネムシの一種（*Chordodes* sp.）（右）．
写真：佐藤拓哉．

虫が，渓流魚にとって 1 年間の半分の食料となっているのは驚きである．落下昆虫であるイモムシの姿から想像できるかもしれないが，陸由来の昆虫は比較的大型で栄養価が高い質のよい餌であることも，水生昆虫と比べて陸生昆虫への依存度が高いことと関係していると思われる．また幌内川では，50 m ほどの区間をビニールハウスで囲い，陸から落下する昆虫を遮断する大規模な野外実験も行われた（図 1.14，口絵 4 参照）．この研究によれば，陸生昆虫が落下しないことで，オショロコマは食べる餌を陸生昆虫から水生昆虫に変え，その結果，水生昆虫は減少し，水生昆虫に食べられていた藻類が増えることが示されている（Nakano et al. 1999）．

　では陸の昆虫はなぜ渓流に落下するのだろうか？　ガの幼虫は終齢期までは樹上で葉を食べて過ごすので，少なくとも積極的に水に飛び込むことはない．強風で吹き飛ばされたり，天敵から逃れるために落下するといった偶発的なものが考えられる．また終齢期から蛹期を迎えると，樹上から地上へ降りる種も少なくない．そうした移動の過程でたまたま水面に落下することもあるだろう．ところが比較的最近になって，移動途中の事故ではなく，積極的に川に飛び込む昆虫がいることがわかってきた．ハリガネムシに寄生されたカマドウマなどのバッタ類である．その原因は，寄生者に操られて入水自殺をするという衝撃

的なものである（図1.15）.

　ハリガネムシは類線形動物という門に属し，かつてはセンチュウと同じ線形動物に入れられていた．基本的には水生生物で，アメリカでは馬を洗う水桶の中から発見されたことから horsehair worm という俗称がある．卵から孵化した幼生は間もなくカワゲラやカゲロウなどの水生昆虫（中間宿主）の体内に入り，その中でシストと呼ばれる休眠体に変態する．その後，水生昆虫は羽化して陸に進出するが，そこで水生昆虫がカマキリやカマドウマなどに捕食されると，こんどはこれら昆虫（終宿主）の体内に寄生して成長する．成熟したハリガネムシは特殊なタンパク質を宿主の脳に注入し，河川への入水を誘導する．海外でのコオロギを使った研究によれば，この脳内タンパク質は光反射する物体への誘因を促すらしく，野外ではそれが水面に該当するようだ．野外調査によると，ハリガネムシに寄生されたカマドウマやツユムシは，通常の個体に比べて20倍も入水する確率が高まるという（Sato et al. 2011）.

　こうした宿主操作は一見驚くべきことであるが，実はかなり普遍的な現象である．トキソプラズマ原虫に寄生されたネズミは，終宿主であるネコの尿の匂いに誘引されて自ら接近し，ネコに自身を捧げるという「自殺行為」を起こす．またチョウやガなどの鱗翅目の流行病を引き起こすバキュロウイルスも，ハリガネムシ同様に宿主の脳内で特殊なタンパク質を生成し，鱗翅目の幼虫（毛虫やイモムシ）を操作して，枝先や葉先などの目立つ場所に移動させる．これは梢頭病として100年以上も前から知られており，初夏の里山に出かければ，雑草の先端で干からびて死んでいる毛虫（多くはヒトリガ類）の姿をよく見かける．見通しのよい場所で死んだ毛虫の体内からは，ウイルスが広範に撒き散らされるのである．ハリガネムシ，トキソプラズマ原虫，そしてバキュロウイルスは，類縁関係のない生物（ウイルスは正確には生物ですらない）であるが，どれも宿主の行動を操作し，自身の子孫（遺伝子のコピー）を増やすという，したたかな戦略をもっているのである．

　ハリガネムシの操作によって入水するカマドウマは，渓流の魚にとって重要な餌になっている．西日本の河川での研究では，ヤマトイワナの年間摂食エネルギーの約60％がカマドウマなどのバッタ類に依存しているらしい（Sato et al. 2011）．カマドウマは夏から初秋に成虫になり入水するのだが，この時期はヤマ

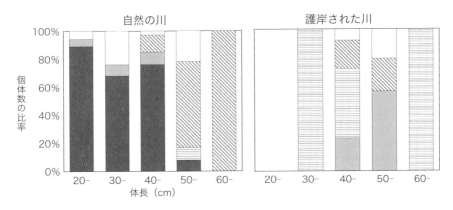

図 1.16　ウナギの体長と胃内容物の組成の関係.
Itakura et al.（2021）を改変.

トイワナがもっとも成長する時期と一致する．ハリガネムシがいなければ，そしてそもそも河川周辺の林にカマドウマなどのバッタ類がいなければ，渓流のイワナも暮らしがままならないという非常にインパクトのある話である．

　さらにもう1つ，陸から河川への生物の流入の重要性を示す事例をあげよう．日本人が食として珍重するウナギは，海で育った幼魚が河川に回遊して成長する．利根川の中下流域で行われた最近の調査によれば，体長50 cm以下のニホンウナギの主食は圧倒的にミミズである（Itakura et al. 2020；図1.16）．胃内容物から，その多くはフクロフトミミズという大型の種で，畑や空き地の土壌中に普通にみられるグループであることがわかった．雨あがりの道路でミミズの死体を見かける機会は多いが，ニホンウナギの胃内容にも降雨後の数日以内でミミズが大量にみられるらしい．安定同位体を用いた分析から，こうしてパルス的に陸から河川へ流入するミミズが，ニホンウナギの年間摂食量の半分を占めていることがわかった．ミミズがなぜ降雨後に土壌から地上に出てくるかははっきりしないが，降雨による土壌温度の急激な低下や，それに伴う二酸化炭素濃度の上昇が原因と考えられている．河岸の土壌に棲んでいたミミズが降雨により苦し紛れに地上へ現れ，それが雨水や自発的な移動により河川に流入し，結果としてウナギがご馳走にあずかるという図式である．

図 1.17　クモの網にかかったカゲロウの亜成虫（おそらくミドリタニガワカゲロウ）（左），および網の中央に占座するアシナガグモ（右）．
写真：（左）田村繁明，（右）馬場友希．

　興味深いことに，コンクリートなどで護岸された河川では，ニホンウナギの胃内容としてミミズはほぼ認められないらしい（Itakura et al. 2020）．護岸された河川に棲むウナギは痩せているという報告があることからすると，護岸はミミズの陸から河川への移動を遮断し，ニホンウナギという絶滅危惧種の存続や私たちの食の楽しみを危うくしているとみることができる．

b.　河川から陸へ

　カマドウマのような能動的な移動は別として，陸から河川への生物の移動は，デトリタスの移動と同様に，重力方向の移動が直接ないしは間接的な要因となっている．そのため，その存在自体はさほど驚くべきことではない．一方，河川から陸への移動は，受動的ないしは偶発的な過程としては起きにくく，想像しがたいかもしれない．だが，生物は生活環を通して棲み場所を変えるものも多い．水生昆虫や両生類は，幼虫や幼生期に水中で過ごし，成虫や成体になると陸に移動するのが常である．移動という性質は多様な生物が進化させているが，昆虫のように個体数が多くどこにでも存在する生物の移動は，受け手の生態系にもたらす影響も大きいに違いない．

　河川から羽化した水生昆虫が陸の生物へもたらす影響については，クモ類と鳥類を中心に研究が進んできた．ともに陸域の代表的なジェネラリストの捕食者であり，数も多く観察しやすい．クモでは，河川などの湿地環境に特殊化し

たアシナガグモ科のクモ類がもっともよく調べられている．鳥類については，カラ類やムシクイ類などの森林性の鳴禽類（スズメ目を中心としたいわゆる小鳥）がよく調べられてきた．以下ではこれらに絞って紹介しよう．

　アシナガグモ類は水辺の生き物で，古くからユスリカやカゲロウなど羽化した水生昆虫に依存していることが知られてきた（図1.17）．水田のアシナガグモ類が有機農法で増えたユスリカ類に応答して数を増やすことはその一例である（本シリーズ第1巻『農地・草地の歴史と未来』参照）．だが，河川より大きなスケールで水生昆虫がクモ類へ及ぼす影響は，比較的近年まで実証されてこなかった．

　上で紹介した，苫小牧演習林での小渓流をカバーして陸とのつながりを断つ実験システムを用いて，河川の水中からの羽化昆虫の移動を阻止する大規模な操作実験を行い，陸域の生物の応答が調べられている（Kato et al. 2003）．実験の結果，水生昆虫に適応した水平円網を張るアシナガグモ類は半数以下に減少した．だがこれは想像どおりの結果ともいえる．より重要なのは，河川から陸への影響が，河川からどの程度離れても及んでいるかである．これについては，千曲川の中流域での研究が参考になる．安定同位体を用いた分析から，河道から100 m離れたニセアカシア林のアシナガグモでも，餌の約50%は水生昆虫に依存していた（Akamatsu et al. 2004）．またジョロウグモでは，約200 m離れていても水生昆虫への依存度が30%ほどあることがわかっている（Akamatsu and Toda 2011）．

　近年，海外では河川の物理的な幅に対して，生物学的な幅（biological stream width，またはstream signature）という用語が使われている（Muehlbauer et al. 2014）．これは，まさに河川から陸への生物の移動がどの程度の範囲にまで及んでいるかを指している．さまざまな国で行われた研究をメタ解析した結果，水生昆虫の量が半減する距離は数mであるが，10%に減衰するのは川から約500 mも離れた場所になるらしい．それに対応して，クモ類も同程度のスケールまで水生昆虫からの利益を得ている．興味深い点として，上流域よりも中流域のほうが，影響が及ぶ幅が大きいことである．これは，水質の富栄養化が関連しているかもしれない．実際，河川から陸への水生昆虫の供給量は，周辺に森林よりも農地が多いほうが増え，それに応じてクモ類も増加傾向があること

が知られている（Lafage et al. 2020）．

　クモより意外性があるのは森林性鳥類だろう．カワセミやサギ類などと違い，カラ類やムシクイ類が水生昆虫に依存しているというのは熱心なバードウォッチャーでも気づきにくい．苫小牧演習林での研究によれば，樹木が葉を落としている冬季から早春には，森林性鳥類の餌の50〜90％が渓流から渓畔林に移動してきた水生昆虫であった．年間を通しても，約25％の餌量を水生昆虫に依存していたという（Nakano and Murakami 2001）．アメリカ西部のヨセミテの河畔林の鳥類では河川への依存度はもっと高く，年間50％以上を水生昆虫に依存していると推定されている（Jackson et al. 2020）．日本よりも降水量が少なく乾燥した地中海性気候であり，陸域の生産性が低く，河川の重要度が相対的に高いためと思われる．

コラム1　ザザムシにみる人と自然のかかわり

　山海の珍味という言葉はよく耳にするが，川の珍味はあまり聞かない．だが，その言葉にぴったりの食がある．長野県伊那谷で親しまれているザザムシである（図）．

図　ザザムシの瓶詰とザザムシ．
　　1つの瓶に150匹ほどの個体が入っている．
　　写真：木林淳至．

ザザムシは水生昆虫を佃煮にしたものである．奇妙な名前の由来は，ザーザーと水が音を立てて流れる瀬にいる虫，らしい．特定の種類を指すものではなく，トビケラ，カワゲラ，ヘビトンボなど，食用にできる大型昆虫の総称である．だが今ではヒゲナガカワトビケラの幼虫が大部分を占めている．ザザムシは高級な食べ物で，イナゴはもちろん，ハチの子などに比べても高価である．東京からの修学旅行を引率した先生の話では，ハチの子は生徒たちの夕飯の膳に出されたが，ザザムシは先生にしか出されなかったという話もあるほどだ．

著者（宮下）が幼少のころ，父が生きたザザムシをもらってきたことがある．台所の水道水でかけ流しされている網袋に入ったザザムシの見張り役を頼まれたときのことだ．中から巨大な幼虫が現れて袋から抜け出してきた．今思えばヘビトンボの幼虫である．あまりの気味悪さにあっけにとられ，手が出せなかった．あとで父に報告すると，一番うまいやつを逃すとはしょうがない奴だ，と叱られた．子供のころ，ハチの子は好きだったが，ザザムシはどこがうまいのかわからなかった．だが，今は郷土愛もあってか，それなりにおいしいと思っている．

伊那市の天竜川では冬がザザムシの漁期で，漁業組合からの鑑札なしには勝手に採集できない．天竜川では，河床の 1 m^2 あたり乾燥重量で 4 g（生重では約 10 g）もとれるようだ．ザザムシの主役であるヒゲナガカワトビケラは，終齢になると体長 3 cm になる大型のトビケラで，水中の石の隙間に小さなネットを張り，流れてくる有機物を食べて育つ．有機物の大部分は珪藻類で，源流の諏訪湖に由来する珪藻の遺骸が中心らしい．一方，中央アルプスから流れ込む支流は貧栄養で，ヒゲナガカワトビケラはほとんどみられない．天竜川の豊富なザザムシは，源流が富栄養湖という特殊な河川生態系が生み出した産物である．

昆虫食というと，いにしえから続く地域の伝統食のイメージがある．事実，多くはそうだろう．だが，ザザムシの場合は少し事情が違うようだ．1919 年に報告された日本の昆虫食の報告書には伊那谷でのザザムシの記録はなく，文献に現れるのは 1930 年代かららしい（村上・矢口 2009）．その背景には，源流である諏訪湖の富栄養化があったに違いない．そして何より，ザザムシを珍味として宣伝し，販路を広げた地元の加工業者の努力が背景にあったという．ザザムシ文化は，貧しい山国が生み出した生きるための知恵ではなく，意外にも近代化がもたらした産物だったというわけだ．

(2) 上流と下流のつながり

河川は水源から海へ流れ出るまで，特徴の異なる生態系をつないでいる．河川の環境は，典型的には山間の渓谷を流れる上流部，平野に注いだ河川が自ら

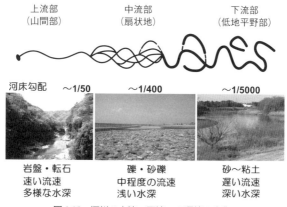

図 1.18　河川の上流〜下流への環境の変化.

運んできた礫や砂が扇状に溜まった場所（扇状地）を流れる中流部，勾配がゆるく，細かい土砂が堆積した平野を大きく蛇行しながら流れる下流部，河川が運んできた土砂が堆積し海水と河川水が入り混じる河口の三角州という，相互に異なる要素が縦につながった形をしている（図 1.18）．これらは相互に川底（河床）の勾配が異なり，上流部，中流部，下流部の順に勾配はゆるくなる.

　流速や土砂の特徴もそれに応じて異なり，流れの速い上流部は岩や大きな礫，扇状地は礫や砂，流れの遅い下流部は細砂やシルトで構成されることが多い．また上流部では，一定の場所を一筋な形で流れていた水路が，扇状地に出ると複数の水路に分かれ，かつ洪水のたびに水路の位置が変わるようなダイナミックな姿になる．また平野部を流れる下流では，水路の数は減少するが，それは大きく蛇行し，時間とともに形を変えながら周辺に氾濫原を発達させたり，過去の流路を三日月湖として残したりするようになる場合が多い．このような河川の構造や特徴はすべての河川にあてはまるわけではない．たとえば 1.1節 (2) で紹介した富山県の河川（黒部川）は，扇状地がそのまま海に注ぐような形態をしている．図 1.18 は，あくまでも「教科書的な」説明であり，自然はより多様で河川の個性も豊かであることは知っておきたい.

　さて，このように河川の環境が異なる場では，そこに成立する生態系も異なる．河川の上流域では，川幅が狭く，河畔林が水面全体を覆うほどに張り出すため，水中に届く光の量は制限され，上で述べたように，水中の食物連鎖は陸

上植物の落葉や陸生昆虫の水中への落下といった陸上から河川への有機物供給によって大きく支えられている．秋から初冬にかけて川に落下する大量の落葉も，河川内の水生昆虫類の重要な餌資源である（Allan 1995）．木々の種類が豊富で，硬い葉や，柔らかい葉など多様な木々の葉が落下することで，水生昆虫類はそれらを餌とし，また，すみかにも利用する．大量の落葉からはリンや窒素といった栄養塩類も流出し，それらは藻類の増殖に使われる．このように河川上流域の食物連鎖は，河川内の一次生産よりも，河川外からの資源の重要性が大きく，また腐食連鎖（生物の遺体を起点とする食物連鎖）が卓越するという特徴がある．

　川幅が広がり，河畔林が川面を覆えなくなってくる中流域においては，水生植物や藻類の繁茂によって総生産の支えられる割合が高まる．扇状地のように河川が幾筋にも分岐して流れるような形態になっていると，水深も浅いため河床まで光が十分に届き，藻類の光合成も盛んになる．これが水生昆虫，甲殻類，魚類にとっての豊かな餌になる．アユは河床の礫に付着する珪藻などを主食として春から秋にかけて急速に成長する．このため中流域では腐食連鎖よりも生食連鎖が卓越しやすい．

　さらに下流域では，水中に溶けた栄養塩類や水中を舞う土砂が増加してくるとともに，水深も比較的深くなるため，水生植物や藻類の光合成による一次生産は低下する．同時に，上流・中流からは動植物の死骸を含む多くの有機物が微細な粒子として供給される．その結果，水中の懸濁物を漉しとって食べるイトミミズやユスリカの幼虫や，二枚貝などが生物群集の大きな割合を占めるようになる．食物連鎖としては腐食連鎖の寄与が大きくなる．コイやフナ類のように雑食性で，酸素濃度の低下にも強い（生物の死骸由来の有機物の増加はしばしば水中の酸素減少を招く）魚類が卓越するのはこのような環境である．

　このように，河川は上流から下流にかけて相互に生態系の特徴が異なり，またその特徴は上流から下流への物質の輸送によって形成される．相互に異なる河川環境の縦断方向（上流‐下流方向）のつながりを重視して河川生態系をとらえる視点は，河川連続体論（River Continuum Concept）と呼ばれる（Vannote et al. 1980）．

　水中の有機物や無機的な栄養は常に上流から下流へと移動する．しかし，川

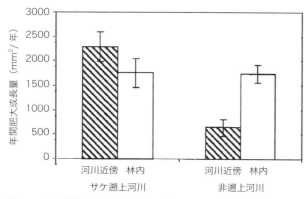

図1.19　サケが遡上する支流としない支流における針葉樹（シトカトウ
ヒ）の成長速度.
サケが遡上する支流の川沿い25m以内の範囲での成長速度が
有意に高い. Helfield and Naiman（2001）を改変.

に暮らす生物には生活史の中で下流から上流に移動する性質をもつものが少な
くない. 遡河回遊魚類であり, 産卵期に群れをなして遡上する性質をもつサケ
類は, 物質循環の面でも大きな役割を担っている. アラスカの森林に生育する
針葉樹シトカトウヒの成長を分析したところ, サケ類が遡上する支流の周辺
25m以内の範囲では, 遡上しない支流の周辺に比べて成長速度が有意に速いこ
とが示された（図1.19）. さらに, 安定同位体を用いてシトカトウヒの葉を構成
している窒素の由来を調べたところ, サケ類が遡上する支流の周辺の葉の窒素
の約22～24％は, サケ類に由来することが示唆された（Helfield and Naiman
2001）. サケ類が遡上する支流では, クマなどによる捕食や洪水による打ち上げ
により河川の周辺にサケ由来の物質が供給され, 樹木の栄養となり, 森林の発
達を支えているのである. これは, 河口から樹林内の小河川まで水系が連続し,
かつ水中と陸上のつながりが動物によって担われているからこそ成り立つ現象
である.

　イシガイ科の二枚貝には, 外套膜の一部が変化して疑似餌（ルアー）のよう
な特殊な形態になっている種が複数存在する. 水中で揺らめく姿は本当の小魚
のようで, それを餌だと認識した大型の魚類が寄ってくる. チョウチンアンコ
ウのような行動だが, イシガイ類は魚類を呼び寄せて食べるわけではない. イ

シガイ類は，近寄ってきた魚にグロキジウムと呼ばれる自身の幼生を吹きつけ，鰓などに寄生させるのである．日本のイシガイ科の二枚貝は，疑似餌のような外套膜をもつ種はいないものの，グロキジウムはやはり魚類に寄生する．たとえば，カワシンジュガイはヤマメの鰓に幼生を寄生させ，約1か月の寄生生活ののちに脱落して着底することが知られている（Terui and Miyazaki 2015）．イシガイ類はいったん川底に定着すると，ほぼ移動せずに一生を過ごす．まれに洪水によって川底から剥がされ，下流に移動することはあるが，自力で下流から上流に遡上する能力はもたない．何らかの媒体を利用して上流に移動しないと，個体群は河川にとどまることができない．河川の上流や中流に生息するイシガイ類が長期にわたって個体群を存続させるには，河川を遡上する魚類に幼生を運ばせることが不可欠であり，そのような移動を可能にするには，上流から下流までの河川のつながりが不可欠である．

(3)　洪水パルス論

　河川生態系のプロセスを理解する上で，河川の縦方向のつながり，すなわち上流と下流のつながりを重視する河川連続体論と並んで重要な視点が洪水パルス論（Flood Pulse Concept）である（Junk et al. 1989）．河川の水量は降雨や湧水によりしばしば急速に増加する．その際，水路の幅は広がり，上流から運ばれてきた土砂や有機物，生物の散布体などを河川周辺の土地＝氾濫原に堆積させる．また洪水前は川底だった場所が，洪水で流路が変わったあとは地上に露出した土地になるなど，洪水前後での地形の変化も大きい．このような河川と周辺の土地との「横方向」のつながりは，河川生態系の本質的な側面である．

　ここで「洪水」という言葉に違和感をおぼえる読者の方もおられるかもしれない．洪水と聞くと，床上浸水，床下浸水のような現象を思い浮かべる方もいるだろう．しかしそれは「水害」であり，洪水とは意味が異なる．洪水（flood）とは河川の水位が上昇し，それまで陸だった場所が冠水する現象を広く指す言葉である．

　洪水のときに冠水する河川周辺の低地を氾濫原（flood plain）と呼ぶ．国際的には氾濫原という言葉の定義はこのとおりとても広いが，日本の河川工学分野では，河川下流の後背湿地を氾濫原と呼び，扇状地のように河川の勾配が比較

的急な場所に発達する砂州などの陸地は氾濫原と呼ばない場合が多いので注意
が必要である．本書では，洪水時に冠水する場所を広く指す言葉として用いる．

　氾濫原は複雑な場である．三日月湖のように過去に河川の流路だった場所，
洪水で運ばれてきた土砂が堆積して比高が高くなった自然堤防，自然堤防の背
後で常に湿潤な状態を維持している後背湿地など，水分条件や水深が相互に異
なる多様な場所が含まれる（図1.20）．しかも洪水による流路の移動や土砂の堆
積により，これらの場が時間的に変化し，洪水前には安定したヨシ原だった場
所が洪水後には流路になっていたりする．ある時間だけでとらえると，撹乱直
後の場所から安定した場所までさまざまな状態の場所がモザイク状に存在し，
それが時間的に変化する．このようなあり方を，生態学では動的モザイクと呼
ぶ．河川の動的モザイク構造を駆動するのは，洪水である．

　第2章・第3章で詳しく述べるように，日本を含め都市化・農地化が顕著に
進んだ国では，河川の動きは左右の堤防の間に限定され，さらには低水路護岸
と呼ばれる水路と陸上の境界面をコンクリートなどで固めた護岸が設置されて
いることが多いので，洪水のたびに河川が動くという状況は想像しにくい．し
かし，海外には，そのようなダイナミックな河川の姿を残す河川もある．たと
えば図1.21は，人工衛星でとらえたペルー国内のアマゾン川の源流部のコマ撮
り画像（タイムラプス画像）である．水路の形状が年々変化し，かつて蛇行し
ていた部分が三日月湖になる様子などがみてとれる．このような映像をみると

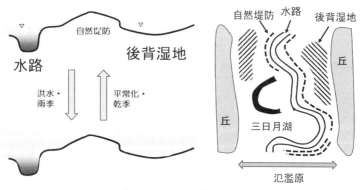

図1.20　氾濫原の模式図．

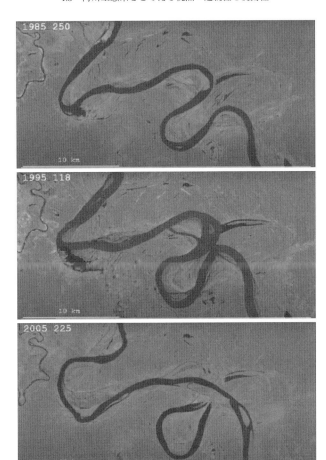

図 1.21 ペルーのウカヤリ川のタイムラプス画像（上から 1985 年，
1995 年，2005 年）．
Landsat 画像と Google Earth Engine を用いた映像のキャプ
チャ．
提供：Geo de Graaf.
https://www.youtube.com/watch?v=izgc3vFimP8 より引用．

「河川は，本当はこのように動きたかったのか」という気持ちになる．

　氾濫原の動的モザイクを駆動する洪水の主要な要因は融雪と降水である．サ
クラマスやイトウが川に遡上するきっかけとなる融雪出水は，北海道から東北，
そして北陸といった雪国の河川で毎年生じる規則的な洪水である．梅雨や台風

の上陸が少ない北海道では，融雪出水が一年を通してもっとも河川生態系への影響の大きいイベントとなる．

　降雨によって生じる洪水は，融雪出水に比べると不規則に発生する．しかし，晩春から初夏の梅雨時期や台風が来る秋季など，ある程度の規則性をもっている．氾濫原を利用する生物は，このような「特定の季節に生じる突発的イベント」の発生に対応した特性をもっていると考えられる．低平地に広がる水田地帯の農業水路や小河川では，梅雨の降雨で水位が上昇し，河川と水路がつながりやすい．ニゴロブナ，アユモドキ，ナマズ，ギバチなどは海へ降りない純淡水魚であり，いずれも梅雨の時期に産卵期を迎える（宮崎・福井 2018）．これらの種は，人間が水田をつくる以前には，雨で増水した際に河道から氾濫原の小規模な沼や水たまりに移動し産卵する性質をもっていたものと考えられている．現在では，氾濫原湿地の代替的機能を有する水田を繁殖の場として利用している．ドジョウやメダカ類も，繁殖が可能な季節は幅広いが，繁殖の季節には河川から浅くて水温の高い氾濫原の水域に移動する性質がある（宮崎・福井 2018）．「田んぼの魚はもともとは氾濫原の魚」と考えてよいだろう．

　イタセンパラというタナゴの仲間は，淀川水系，富山平野，濃尾平野の3か所にのみ分布する日本固有の魚類である．外来語のような不思議な名前だが，「板のように平たい体形で，色鮮やかな腹部をもつ魚」という意味だそうだ．河川の本流内ではほとんど確認できず，河川が増水したときだけ水がつながる氾濫原の止水域やワンド（湾状の場所）に主に生息している．とくに仔稚魚の生息にとっては，雨が少ない冬季には本川と切り離され，時には水面がほとんどなくなるような湿地が不可欠である．イタセンパラを含むタナゴ類は，イシガイ科の二枚貝の出水管の中に産卵し，受精する性質をもつ（Kitamura et al. 2009）．イタセンパラは秋に産卵し，雨が少なく河川の水位が下がる冬は二枚貝の体内で越冬し，翌春になるとそこから稚魚が泳ぎ出すという性質をもつ．こうして季節的な水位変動に適応している（図1.22）．

　イタセンパラの個体群の存続には二枚貝の生息が不可欠である．氾濫原の止水域やワンドの二枚貝は，それらの場所に水草の枯死体などの有機物や泥などの細粒土砂が溜まり，底質が柔らかな状態になると生息できない（根岸ほか 2008）．そのため時には泥や有機物を洗い流す洪水の作用（フラッシュ作用）が

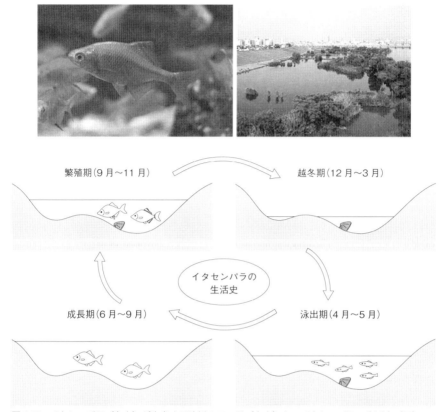

図 1.22 イタセンパラ（左上）が生息する淀川のワンド（右上）と，イタセンパラの生活史（下）．
写真：Wikipedia.
模式図：淀川水系イタセンパラ研究会（2001）をもとに作成.

重要である．このようにイタセンパラの生息環境は，フラッシュ作用をもつ洪水と，季節的な水位変動の両方に支えられている．開発などによる氾濫原の喪失と，ダムや水門による流量の調節はともにイタセンパラの生息を困難にする．実際イタセンパラは，日本のレッドリストにおいて絶滅危惧 IA 類という，野生状態ではもっとも危険性が高いランクに位置づけられている．

1.4　　河畔の植物

(1)　攪乱を利用する生物

　河川の水の中ではなく，河原や中州など，氾濫原の陸地の部分についても目を向けてみよう．陸上も含めた河川の生態系を理解する上では，攪乱とストレスという 2 つの作用についての理解が欠かせない．

　攪乱は，生態学では，「その場所に成立していた生態系の状態を大きく変え，それまで一部の種に占有されていた資源を多くの種に開放する突発的なできごと」と説明される．洪水，山火事，草刈りなどがそれにあたる．攪乱は多様な生物種が共存するための重要な機構である．とくに植物は，種の違いにかかわらず，生存のためには光と水を必要とするため，光や水をめぐって絶えず競争にさらされている．環境が安定していると，競争に強い大型の植物だけが存続し，そうでない小型の植物は消失する．これら競争に弱い種が存続するには，攪乱の作用が重要である．

　存続のために攪乱が必要な生物は，攪乱依存種と呼ばれる．攪乱依存種は植物にも，昆虫などの動物にも認められる．攪乱依存の生物はいくつか共通する性質を有している．たとえば，小型のサイズで繁殖を開始することができ，同時に寿命が短い場合が多い．攪乱により生育に適した場所が形成されても，その環境は長期的には維持されないため，資源を何年も維持することはせずに，なるべく早めに繁殖に投資したほうが有利になることで進化した性質であると考えられる．

　移動能力も攪乱依存種の存続にとっては重要である．動物の場合は，生息に適した場所をいち早く見つけ，飛翔などによってすばやく到達できるかどうかが明暗を分ける．植生に覆われていない裸地的な環境を好むカワラハンミョウは，ほかのハンミョウ類と比べて長距離の飛翔が可能だが，これは洪水のたびに避難と新たな裸地への侵入を繰り返して存続する上で重要な性質なのだろう．植物の場合，動物のように能動的に生育適地に移動できない．そのため，「空間的分散に頼る」か，あるいは「時間的分散に頼る」という 2 通りの戦略のいずれかあるいは両方がとられる．空間的分散に頼る戦略とは，なるべく広い

範囲に種子をばらまき，攪乱後に生じた生育適地に到達できる期待値を高める
方法である．小型の種子を多数つくることもこれに寄与するし，水に浮きやす
い構造をもつことや，綿毛のついたタンポポの種子のように風に飛ばされやす
い種子をもつことなどが，空間的分散に役立つ．

　時間的分散とは，生産された種子のすべてを翌年に発芽させるのではなく，
一部あるいは大部分を休眠状態で維持し，生育適地が生成するまで「待つ」戦
略である．土壌中に含まれる生きた種子の集団を土壌シードバンクという．土
壌中の「種子の銀行」という意味である．攪乱依存性の植物には土壌シードバ
ンクを形成する種が多い．休眠状態で，数年，数十年，場合によっては百年を
超えて生存し続け，攪乱によって生育適地が生じると目を覚まして成長を開始
する．ヨシ原のような湿地では，$1\,m^2$ あたり数万の桁で生きた種子が埋もれて
いることは普通である．地上にみえている植物はまさに氷山の一角であり，は
るかに多数の植物が種子として地下で眠っていると理解してよいだろう（コラ
ム1）．

　種子が「眠っている」というのは比喩的な表現だが，実際，呼吸速度も低下
し，発生も停止しているという意味ではイメージのとおりである．では種子は
どのようにして生育適地ができたことを知り，「目覚める」のだろうか？

　土壌中の植物が利用できる環境の手がかりは限られている．多くの攪乱依存
種が発芽に適したタイミングを知る手がかりにしているのは，温度と光である．
温度については，高い温度が手がかりになる場合と，昼と夜の温度差の大きさ
が手がかりになる場合とがある．河川の植物では，昼と夜の温度差の大きさが
効果をもつ種が多いようだ．高密度なヨシ原のように植物が多い場所の地表面
と比べ，攪乱で生じた裸地の地表面は，昼は直射日光により高温になり，夜は
放射冷却により温度が下がりやすい．攪乱依存種には，このような温度変化を
経験すると発芽する種が多い（Nishihiro et al. 2004）．

　光については，暗いと発芽しないというように，光の量が重要な種もあるが，
同等かそれ以上に多くの植物の発芽に影響するのは，光の色である．緑色の光，
すなわち赤色の波長が少ない光を受けると発芽が抑制され，赤色の波長が多い
光を受けると促進される．図1.23はキタミソウという高さ5cm程度の小型の
植物の発芽実験の結果である（西廣ほか2002）．このような小型の植物が存続す

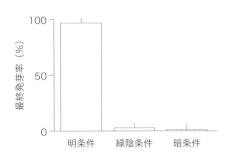

図1.23 キタミソウと発芽特性.
直射日光に近い波長組成の光を与えた処理（明条件），緑色の光を当てた処理（緑陰条件），光が当たらない条件（暗条件）での発芽率を比較.
西廣ほか（2002）を改変.

る上で，まわりに植物がない状況下で発芽することは重要であり，その手がかりとして光の色は有効である．キタミソウがもつ緑色の光の下では発芽しない性質は，低温に強い性質と相まって，夏季には川底となり水位が低下する冬季にのみ露出する裸地での生育を可能にしている．もちろん植物には動物のような「目」はないが，フィトクロムと呼ばれる光の波長組成によって構造が変化するタンパク質をもつことで，周囲の色を生活史のシグナルとして利用している．

(2) ストレスに耐える生物

競争に強い種を抑制し，多様な種の存続を可能にする仕組みとして，攪乱と並んで重要なのはストレスである．ストレスとは，何らかの資源の不足や成長阻害要因が存在する状態を指す．たとえば陸上環境に適応した植物にとって，水中や土壌が水をたっぷり含んだ泥地は，酸素不足などのストレスをもたらす．普通の環境では競争に強い種が，ストレス環境下では競争力を発揮できない．逆にそのストレスに耐えられる形態的，生理的な仕組みを進化させた生物は，その空間を占有することができる．

レンコン（ハス）の穴は，空中の酸素を水中に送ることに役立っており，通気組織と呼ばれる．ガマ類は葉や茎（地下茎）の内部がスポンジ状の組織にな

っており，これが通気組織である．これらの仕組みは，常に冠水した安定した水域での生育を可能にしている．

ストレスと攪乱は，競争力に長けた種を抑制し，多様な種の存続を可能にする仕組みという点では共通している．生態系を短期間のうちに物理的に改変する営力が攪乱，厳しい環境が長期間継続するのがストレスである．河川では，これらの組み合わせにより多様な生物相が形作られている．

(3) 攪乱が卓越する扇状地

河川が山間部を抜け，平野部に出たところに形成される扇状地では，洪水により河川の流路が頻繁に移動する．この流路の移動により，河原に生育していた植物は頻繁に押し流される．扇状地は攪乱が卓越する場である．

カワラノギク，カワラサイコ，カワラハハコなどの植物は，このような攪乱が頻繁な環境に適応した性質を有する攪乱依存種である．これらの植物は洪水により河原や中州の植生が一掃されたり，土砂堆積により新たな砂礫州が形成されたりすると，いち早く侵入する．しかし攪乱が生じないまま数年から10年程度が経過すると，河原や砂州の環境は安定し，ススキなどの大型の多年生草本やヤナギ類などの樹木が繁茂するようになる．こうなるとカワラノギクなどの攪乱依存種は減少し，やがてその砂州からは消失する．カワラノギクでは，洪水によって河原の礫が安定化して転がらなくなり，礫と砂地の隙間にスナゴケ類などが生育するようになると，種子からの発芽・定着ができないことも知られている（倉本ほか 1996）．しかしそのころには洪水によって新たな砂礫州が形成され，カワラノギクはそこに侵入し，新たな個体群を発達させる（図1.24）．カワラノギクは洪水による砂州の生成と，安定化による他種の繁茂の狭間を渡り歩くように移動しながら，河川で個体群を維持するのだ．このような種が存続するためには，洪水による攪乱と土砂移動が不可欠である（Shimada and Ishihama 2000）．

近年の河川では，上流域のダムの影響により流量が安定し，かつてのような攪乱が生じにくくなっている．また砂利の採掘や水路の護岸による河床の低下も，砂州の生成・消失をもたらすような攪乱を妨げている．カワラノギクなどの植物だけでなく，カワラハンミョウ，カワラバッタなどの昆虫も全国版・地

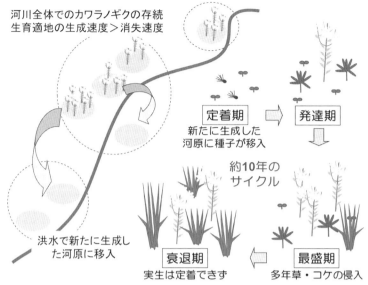

図 1.24　礫河原の動態とカワラノギクの存続.

域版のレッドリストに掲載されているが，このような河川のとくに扇状地の環境の「安定化」の影響はきわめて大きい.

　河原や中州の安定化は，ダムの建設だけが原因で生じているわけではない. 流域の樹林の発達も影響している可能性がある. 薪や木炭が主要な燃料であった戦前の日本では，現代とは比較にならない規模で樹林が伐採され，利用されていた. 過剰な利用のため疎林化・草原化した場所も少なくなかった（本シリーズ第2巻『森林の歴史と未来』参照）. また牛や馬の飼料，水田などの肥料，屋根の材料として草資源はきわめて重要で（第1巻参照），草刈りや火入れにより，ススキ草原などの草地が広大な面積を占めていた. 明治時代における草地の面積は国土の10％近くに及んでいたと考えられている（小椋 2012）.

　これに対し，戦後の燃料革命による樹木の伐採量の減少や，拡大造林政策による植林地の増加は，草地や裸地の大幅な減少を招いた. 現代は日本の歴史上特異な，森林が過剰に存在する時代であるという指摘もある（太田 2012）. 高木，亜高木，低木といった階層構造をもつ樹林は，一般に，草原や裸地と比べて降雨による土砂の流出量が少ない. また山からの水の流出も，森林ではより

ゆるやかに生じる（虫明・太田 2019）．いわゆる緑のダム機能である．河川上流域の樹林発達は，流量の安定化と上流からの土砂供給量の減少を通して，扇状地における河原や中州での攪乱の作用を弱め，攪乱依存種の生育環境の減少を招いている可能性は十分に考えられる．河川に供給される土砂は，ダム建設のようにいわば自然のオーバーユース（過干渉）の影響と，流域での樹林発達のようなアンダーユース（管理停止）の影響の両方を受け，減少しているものと考えられる．

(4) 攪乱とストレスがつくる氾濫原環境

扇状地での河床は数百分の1の勾配をもつのに対し，低地平野部を流れる下流域では，数千分の1ときわめてゆるやかになる（図1.18）．なお「1000分の1の勾配」とは，河川が1000 m 下ると，川底の高さが1 m 低くなる程度の勾配という意味である．下流域の河川の流路はきわめてゆっくりと移動し，その周辺には広い氾濫原が発達する．

低地平野部の氾濫原は，広さはあるが，扇状地ほど洪水時の流速や土砂移動が激しくなく，植生も安定しやすい．広いヨシ原やヤナギ林は典型的な植生である．これらの場所は洪水で運ばれてきた土砂や流木で攪乱されることはあるものの，空間的には限定されがちである．

日本の平野の氾濫原において攪乱を引き起こす要因として，河川の水や土砂の作用とともに重要なものは，哺乳類の活動であろう．もっとも影響力が強いのはヒトである．第2章で述べるように，ヒトは平野の氾濫原を水田として攪乱してきた．

またヒト以外では，ニホンジカによる攪乱も無視できない規模のものであったことが推測される．現在では，シカは山の動物と思われがちだが，放棄水田のような湿地でも盛んに採餌することが知られている．古くは，奈良時代初期に編纂された『常陸国風土記』においても，茨城県・霞ヶ浦に隣接する低湿地域である信田 郡 についての節の中に以下の記述がある．

葦原の鹿はその味爛れるがごとく，喫ふに山の宍にことなれり．二つの国の大猟も，絶え尽すべからずといへり．

現代語訳：「葦原の鹿のその味はただれて腐っているようで，食べてみる

と山の鹿（の肉）とは違ったところがある．（常陸と下総）二国の大猟でも
絶え尽くすことができない」（秋本 2001）

とりつくせないほどの「葦原の鹿」の存在．ヨシが生えるような低湿地帯も
シカの生息地であり，当然，草食動物であるシカによる攪乱が生じていたもの
と考えられる．

平野の氾濫原では攪乱と同時に，ストレスが環境の多様性をもたらしている．
たとえば過去の流路の名残である三日月湖は，冠水というストレスに特徴づけ
られる場である．三日月湖には，一年を通して冠水しているものと，雨の多い
時期だけ池になっているものとがあるが，後者のような季節的な水域も，植物
の成長期に冠水している場合が多いため，ストレス環境となる．そのためハス
のように通気組織をもった植物や，沈水植物など，冠水ストレスに適応して特
殊化した植物の重要な生育場所となる．

日本の平野はほとんどが都市あるいは農地として開発されており，河川が作
り出す多様な環境を調べられる場所はほとんど残されていない．しかし明治時
代の文献には，当時の氾濫原の植生や環境を記述したものが残されている．

たとえば中野治房博士が明治 43（1910）年に発表した「中部利根河岸ノ植物
生態ニ就テ」という文献では，利根川のうち鬼怒川や小貝川が合流する付近を
対象に，その氾濫原の姿が克明に記されている（中野 1910）．

氾濫原地ヲ流ルル河道ハ蛇行スルヲ常トス．サレバ決シテ安定的ニ非ズ常
ニ変動シテ所謂河跡沼ヲナス．…蛇行的河道ノ変動ヲ導ク原因ハ主ニ洪水
ナリ．（原文では一部の漢字が旧字）

という説明に始まり，河川の水で洗われるような砂地の場所のヌマガヤツリや
ミズガヤツリが生育する砂地の河原，河川の湾曲部などに生じササバモ，ヒル
ムシロ，アサザ，ガガブタなどが生育する「潴水地」，フトイ，サンカクイ，タ
チモなどが生育する常時浅く冠水する「浅水地」，トダシバ，マツカサススキ，
ヤマアワなどが生育する「湿地」といったタイプの異なる群落の存在，ところ
どころにノイバラやクコが生育する微高地（自然堤防的な場所だろう）の存在
などが描かれている．氾濫原の動的モザイクの姿である．

現在の利根川では，これらのうちごく一部の要素しかみられない．近年，河
川の自然を守ることの重要性が認識され，さまざまな取り組みが始められてお

り，利根川や江戸川でも，高水敷の切り下げやワンドの造成など，いくつかの取り組みが進められている．しかしこれらの自然の要素をその場所で安定的に維持しても，かつての河川の姿を取り戻したことにはならない．河川，とくに氾濫原の自然の回復の本質は，複数の要素が生成・消失を繰り返すような「動態」を守ることである．要素的な自然を守る上でも，このことは常に念頭に置き，その中での要素保全の意義を位置づけるべきだろう．また，そのような自然再生の議論において，中野博士が残したような記録は，きわめて重要なリファレンスになるだろう．

コラム2　シードバンクと種子の寿命

洪水によって植生が押し流されたり，土砂が堆積したりして形成される裸地を生育場所とする植物には，土壌シードバンク（土壌中の種子集団）を形成する種が多い．このため河川や氾濫原の土壌中には，たくさんの植物種子が含まれている．その性質を利用すれば，水質悪化などの環境変化で地上から姿を消してしまった植物を「復活」させることもできる．

東京都の井の頭恩賜公園では，池の水をいったん抜き去り，同時にコイやオオクチバスなどの外来魚を除去する「かいぼり」が行われた．その結果，それまでは生育していなかった沈水植物が多数復活した．復活した植物の中には，約60年前に井の頭池で発見され，それから間もなく姿を消していたイノカシラフラスコモなど，希少な種も含まれていた（図）．また霞ヶ浦や印旛沼では，湖岸に造成した浅瀬に湖底の土砂をまきだし，近年には消失していた水生植物を復活させる事業が行われ，成果が確認されている．土壌シードバンクは植生復元に有用な資源である．

しかし，土壌シードバンク中の種子にも寿命がある．生理的な寿命だけでなく，捕食や腐敗・病気によって死亡する種子もある．そのため，シードバンク中の種子の密度は年々低下する．霞ヶ浦と印旛沼で得られたデータを用いて種子密度の変化を推定した研究では，土壌シードバンクへの新たな種子の供給が途絶えてから50〜60年が経過すると，種子からの復活はきわめて難しくなることが示唆されている（西廣ほか 2016）．

土壌シードバンク中に種子が残存している限り，ある植物種が地上から消えても，本当の意味では絶滅していない．土壌シードバンクの消失こそ，植物個体群

図　井の頭池の「かいぼり」で池底の砂に含まれていた胞子から復活したイノカシラフラスコモ. 提供：加藤将.

の真の絶滅である. 日本では, 高度経済成長期にあたる1960〜1970年代に多くの河川や湖沼の環境が改変され, さまざまな植物が地上から消失した. その時代から, 間もなく50〜60年が経過しようとしている. これまでは可能だった「シードバンクからの植物の復活」も, これからは困難になると考えられる. 真の絶滅の時代である.

　これを回避するには, 土壌シードバンク中の植物を良好な条件で発芽させ, 新たな種子を形成させることが有効な手立てとなる. 湖沼や河川の全体の環境を回復させることは難しい. しかし局所的にでも環境改善ができ, そこで植物が復活すれば, 1粒の種子から数百・数千の種子を増やすことも可能な場合もある. 植物の保全のためには, 環境改善のための取り組みと, 将来の回復の資源である土壌シードバンクを守る取り組みの両方が肝要である.

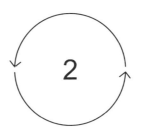

2

河川と人の関係史

本章では社会の発達に伴い，人が河川の姿をどのように変えてきたか，すなわち図 1.1 の模式図における中段の拡大の歴史を概観する．人による河川の自然への働きかけの中では，水害を防ぐことを目的とした営み，いわゆる「治水」の影響がとくに大きい．社会の構造の変化や土木技術の発達により，古代と比べ現代では河川の制御の程度は桁違いに高まっている．しかし，水害リスクの軽減に伴う負の側面や，現代的な治水の脆さが存在することも事実である．未来に向けた人と自然の関係を考えるための基礎認識として，ここでは治水を軸に歴史を振り返る．

2.1　古代の治水と農地管理

(1)　河川がもたらす恵みと災い

前章で述べたように，洪水と水害は異なる概念である．洪水は大雨などで河川が増水し，普段は陸地の場所が水没する現象を指し，水害は大雨や洪水によって人の命や財産が損なわれるできごとを指す．すべての洪水が水害をもたらすわけではない．洪水は，日本のように降水量に季節変動があり，また台風のような突発的な大雨が生じる地域では，自然環境を維持する重要なプロセスである．また人々も洪水がもたらす「恵み」を活用してきたという側面がある．

　河川の中流域や下流域の動植物の多くが，洪水による攪乱を巧みに利用した，あるいは攪乱に依存した生活史を有している．洪水が大幅に抑制されることで，攪乱の生じ方や土砂の動態が変化し，河川の動植物の多様性が損なわれる問題は，国内外で多数報告されている．グレンキャニオンダムのようなアメリカの大型ダムでは，河川の底質の泥を洗い流して魚類の生息環境を維持することや，河原の樹林化を防ぐことを主要な目的として，計画的な放流による人工洪水が行われている（Farmer 1999）．洪水は，なくすべきものではなく，適度に管理し，付き合うものなのだ．

　洪水は物質動態においても重要な過程である．河川は，上流から下流に有機物や栄養塩を輸送する．平常時は，それらの多くは下流へと流されていくが，洪水によって河川周辺の氾濫原にあふれると，そこに沈降する．第 1 章の表現を使えば「横方向」の物質移動である．これは氾濫原への施肥効果ということができ，化学肥料を用いる以前の農業においては重要な役割を果たしていたに違いない．

　「四国三郎」とも呼ばれる徳島県の吉野川は，平常時と洪水時における流量の差がとても大きい暴れ川である．現代ほど制御がされていなかった江戸時代には，川から周辺の農地に頻繁に水があふれていた．これらの農地では洪水が運ぶ肥沃な土壌を活かし，育成に多くの肥料が必要な作物である藍を育てるようになった．藍はタデアイまたはアイタデともいい，タデ科の一年生植物である．8 月には収穫できるため台風による洪水の被害を受けにくいことも，イネとは異なるメリットであった．その結果，阿波国は江戸時代に藍の一大生産地となり，収穫した藍から染料のもとになる藍玉をつくり，日本各地に販売することで安定した財政基盤をつくることができたとされる（鍛冶 2016）．現在でも吉野川の中下流域には，藍畑，藍住など，藍にまつわる地名が多く残っている．

　洪水がもたらす施肥効果は，ダムなどによる治水が発達し，また農地では化学肥料の施用が標準化した現在の日本で定量的に評価するのは困難である．しかし，海外の河川ではそれが可能な場所もある．たとえばカンボジアのメコン川流域の氾濫原での研究では，コメ生産に必要な窒素の約 90％，リンの約 50％が，洪水氾濫によってもたらされているという評価がある（天野・風間 2013）．洪水は，食糧生産を支える上でも大きな役割を果たしてきたものと考えられる．

　水害を防ぎつつ洪水をうまく利用できれば，豊富な栄養塩に支えられた多様な生物や農作物を利用し，多くの人口を支えることができる．チグリス・ユーフラテス川の周辺のメソポタミア文明，ナイル川のエジプト文明，インダス川のインダス文明，黄河の黄河文明というように，世界四大文明がすべて大河川の氾濫原で発達したことも，この「洪水の恵み」と無関係ではないはずだ．洪水がもたらす肥沃な大地が，洪水を予測する科学や，被害を最小化する技術の発達と相まって，高度な文明を支えてきたのだろう．

　日本における河川と人のかかわりを理解するため，氾濫原での水田開発の歴史について考えてみよう．日本書紀や古事記には，初期の稲作の様子をうかがわせる記述がいくつも出てくる．たとえばスサノオの水田は「天川依田」と呼ばれ，日本書紀では「雨が降れば流れ，日照になると旱魃になる」と表現されている．「川に寄った田んぼ」という言葉からも，氾濫原の水田を指しているとがうかがえる．これに対しアマテラスの水田は，「天狭田」「長田」と表現され，「長雨や日照にあっても，損なわれることがない」と説明される．これは山間の湧水で涵養されるような，谷沿いの細長い水田が想像できる．初期の稲作には場所の選択や方法が相互に異なるいくつかの起源があり，時には相互に対立しながら（アマテラスとスサノオは相互に対立や許容を繰り返している）稲作文化を定着させていったのかもしれない．

　古事記と日本書紀で描かれるヤマタノオロチは，洪水で荒れ狂う河川の象徴と解釈するのが定説のようだ（神田 1988）．肥川と書かれたその河川は，現在の斐伊川（島根県）と考えられている．血のようにただれた色をした大蛇は，当時の斐伊川上流部で行われていた砂鉄の採掘と製鉄で赤く色づいた斐伊川の姿であろう．オロチに狙われる姫は，クシナダヒメすなわち「奇しき稲田の姫」であり，川に襲われる水田を象徴しているようだ．オロチ退治では，スサノオは垣をめぐらせ，そこに門をつけてオロチを導き，その動きを封じる．これは堤防と水門のような構造物を想像したくなる．オロチの退治，すなわち暴れ川の治水をなしとげたスサノオはクシナダヒメを娶る．こう考えると古事記・日本書紀に描かれたこれらの神話は，オロチという災いをクシナダという恵みに変えた，氾濫原管理の伝記のようにも思われる．空想ではあるが．

(2) イネの到来と水田

神話から空想をめぐらすことは楽しいが，検証は難しい．一方，遺跡や植物遺体の研究は，イネの伝来や水田の造成など，初期の稲作を知る上で具体的な示唆を与えてくれる．

イネの伝来の時期は，かつては弥生時代と考えられてきた．しかし現在では，縄文時代に遡る説がほぼ定着している（佐藤 2002）．ただし，畦畔などの構造を備えた水田の痕跡が確認されるようになるのは弥生時代からである．それ以前の稲作は，焼畑などの粗放的な方法で行われていたと考えられている．イネも現在日本で栽培されている温帯ジャポニカと呼ばれる小型で湿地性のイネではなく，大型で荒地でもよく育つ熱帯ジャポニカが栽培されていたようだ．熱帯ジャポニカは粗放的な栽培環境に，温帯ジャポニカは水管理が徹底した安定した水田に向いているとされる．古代の水田は，地域や時代により熱帯ジャポニカと温帯ジャポニカ，さらに早稲，中稲，晩稲といった性質の異なる多様な品種が栽培されていたようだ（外山 1994）．熱帯ジャポニカは現在の日本では栽培されていないが，中世初頭までは栽培されていたことが示唆されている．また現在の日本に残る在来品種（全国的に品種の統一が進む 1970 年代以前に各地で栽培されていた地域系統）には，熱帯ジャポニカと共通する遺伝子が多数含まれていることが知られており，稲作の歴史の中で熱帯・温帯ジャポニカの交雑が起きていたことも示唆されている（佐藤 2002）．熱帯ジャポニカは今の日本では姿は消したものの，遺伝子として現在の米食文化を支えている存在といえる．

稲作が開始されたあとも，その初期から，現在のように広く一面をイネが覆うような水田景観が成立していたわけではない．たとえば古墳時代から平安時代の水田遺跡である静岡市の曲金北遺跡は，2 m 四方程度の小規模な水田がぎっしり並んだ構造をしている（図 2.1）．これが約 1 万区画，約 5 ha にもわたって広がっているというのだから壮観である．しかし，この水田のすべてで一様にイネが青々と育っていたかというと，そうでもないらしい．遺跡の土壌に含まれる種子の分析からは，実に興味深いことがわかっている．多様な植物の種子（とくにヤナギタデの種子）が高密度でみられる区画，ヨシの植物遺体がたくさん出る区画，雑草やヨシは少なくイネのプラントオパール（イネ科植物の葉に含まれる珪酸体，土壌中で分解されずに残るためイネが生育していた証拠

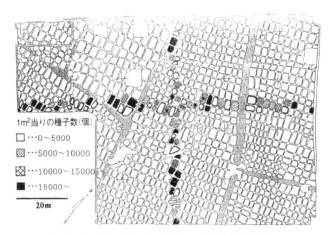

図 2.1 曲金北遺跡（静岡市）の復元図と，土壌中の種子密度.
十字型の 97 区間について調査した結果，ヤナギタデなどの雑草種
子密度は区画によって大きく異なっていた.
佐藤（2002）より引用.

になる）が大量に出る区画などが，混在していたという（佐藤 2002）. ヤナギタ
デは洪水や草刈りなどの影響を受けた場所に生育する攪乱依存種（1.4 節（1））
であり，ヨシは湿潤な状態で数年放置されると優占する植物である. いわば小
規模な水田の中に，小規模な休耕田が多数存在するモザイク的な水田景観だっ
たようだ. イネ以外の植物が生育していた区画が，地力を回復させるといった
目的をもつ積極的な休耕だったのか，あるいは当時の人口を養う上ではその程
度の集約度でよかったということを反映しているのかはわからない. 下で述べ
る水田漁撈のように，稲作以外の目的での水田型湿地の利用の痕跡かもしれな
い. いずれにせよ初期の水田景観は，現在のようなモノカルチャー的な景観と
は大きく異なり，ところどころイネが優占する，全体に人為攪乱が加わった低
湿地だったことが想像できる.

　氾濫原はもともと単調な場ではなく，河川流路からの距離や地盤の高さなど
に応じて，植物の密度や水深が異なる多様なタイプの湿地が入り混じった複雑
な空間である. 水田の造成が始まってからも，氾濫原のモザイク性は維持され
ていたといえるのではないだろうか.

(3)　氾濫原の魚類と水田漁撈

　氾濫原で水田稲作が開始されたあとも，もともと氾濫原で暮らしていた動植物の多くは水田に暮らし続けた．それらは雑草として駆除されたり，あるいは食料として利用されたりしながら，ヒトと共存してきたものと考えることができる．

　水田漁撈，すなわち水田や農業水路での魚とりは長い歴史をもつ．川喜田二郎は，河川の氾濫原や河口，湖沼の沿岸の湿地を舞台に，淡水漁撈と稲作を組み合わせて行う暮らしを水界民の暮らしと呼び，アジアの文化の原型の1つにあげた（川喜田 1980）．水田が開かれる以前の氾濫原には，水深，流速，冠水期間などが異なる多様な湿地があり，それに応じて，ドジョウ，ナマズ，コイ科魚類など多様な魚類が生息していた．また産卵期に浅い沼地に入り込むなどの季節的な移動もあった．これら多様な魚類の生息場としての氾濫原の役割は，水田へと改変されたあとも大きくは損なわれず，水田や水路にはたくさんの魚類が生息していたと考えられる．水田や水路に魚がいれば，それを捕獲したり，増えやすいように工夫したりして利用するのは当然であろう．

　琵琶湖周辺で今でも名物とされる鮒ずしのように，魚を塩と米飯で乳酸発酵させた保存食であるなれずしは，稲作文化をもつ東アジアに広くみられる．鮒ずしの主要な材料は琵琶湖産のニゴロブナだが，ほかにも，オイカワ，ウグイ，ハス，アユなどさまざまな淡水魚を利用したなれずしが各地に存在する．なれずしの文化が日本に伝えられた時期は明らかにされていないが，平安時代に編纂された書物である『延喜式』にはすでに「鮨」の説明が多数存在するというから，古い歴史をもつことは間違いない．米だけでなく魚もとれる水田生態系を基盤とした社会で，栄養と保存性にすぐれたなれずしづくりの文化が，広く長く維持されてきたのは合理的といえるかもしれない．なお現在，多くの日本人が「寿司」として思い浮かべる，いわゆる江戸前ずしは江戸期に食べられるようになったものである．

　排水施設が整備された現代の水田しかみたことがないと，水田で魚類が暮らす情景は思い浮かべられないかもしれない．しかし，長江流域の少数民族の水田では，現在でも，水田の中央部や辺縁部に深みを設け，魚類の生息場を積極的に設ける形が見受けられる．日本においても，水田の中にイネを作付けしな

図 2.2 畔畔と田面の間に設けられた小規模な水路.
緑米を育てている著者 (西廣) の管理する水田での
撮影.

い水面を残す形態は全国的に存在する. 水の勢いが強い場所にできる「オッポ
リ (追っ掘り)」や, 湧水に近い水田で水を温めるために設けられる「ヌクミ
(温み)」「マワシミズ (廻し水)」「エ (江)」など, 形や広さは異なるさまざま
な水溜りがある (図 2.2). このような空間は稲作を助ける役割とともに, 魚類
の繁殖や成長の場となり, 伝統的には水田漁撈の場として利用されてきた (安
室 2005). またとくに湿潤な氾濫原や湖沼の浅瀬でつくられる「掘り上げ田」,
すなわち土盛りして作り上げた水田では, 盛土用の土を掘りとった場所が水路
状の池となり, 多くの場合魚をとる場所としても活用された (図 2.3).

　安室知による栃木県小山市での調査からは, 水田での一年を通した魚介類の
採取である「おかずとり」が, ごく近年まで行われていた様子がうかがえる (安
室 2005). 田おこし前の「タニシ拾い」, 田おこしの際の「ドジョウ掘り」, 田植
え前に水を張った田に入ってくる産卵期のフナをカンテラで照らしながらヤス
で突く「火振り」, 水路から田んぼに入ってくるドジョウをウケでとる「ドジョ
ウ筌」, 中干しや稲刈り前の落水時に田んぼから水路に出て行く魚をとる「ドジ
ョウ筌・フナ筌」など, 一年間を通してほぼ切れ目なく水田で魚介類をとって
いたことがわかる (表 2.1).

　愛知県の朝日遺跡をはじめとする弥生時代の複数の水田遺跡において, コイ,
フナ, ドジョウ, ナマズなどの骨が多数見つかっている (山崎・宮腰 2005). 氾

図 2.3　掘り上げ田の例.
写真：岡山市教育委員会所蔵.

表 2.1　一年を通した水田漁撈（小山市での調査例）.
筌（ウケ）を用いたドジョウ漁は，水路から水田に入る魚を捕まえる「上り」と水田から水路に出ていく魚を捕まえる「下り」がある.
安室（2005）をもとに作成.

時期	農事	田の水の状態	水田漁撈の内容
4月	田おこし前 田おこし	なし なし	田螺拾い（タニシ） 泥鰌掘り（ドジョウ）
5月	苗代づくり 田植え前	取水 取水	田螺拾い（タニシ） 火振り（フナなど）
6月	田植え期	取水	泥鰌筌（ドジョウ）上り
7月	田の草取り	取水／排水	泥鰌筌（ドジョウ）上り
8月	土用干し 夕立	排水 排水	泥鰌筌（ドジョウ）下り 泥鰌筌（ドジョウ）下り
9月	稲刈り前	排水	泥鰌筌（ドジョウ）下り
10月	稲刈り後	なし	秋下り（ドジョウ）下り

　濫原での水田の開発は，それまで氾濫原に生息していた動物の生息場所を奪うどころか，代替的な生息場所の創出あるいは拡大をもたらしたものと考えられる．そしてそれらの動物を食べ物として利用する文化が発達したものととらえることができる.

(4) 水田雑草と救荒植物

植物についてはどうだろうか.「雑草という植物はない」という昭和天皇の金言はそのとおりなのだが,ここでは便宜上,水田に生えるイネ以外の植物を水田雑草と呼ぶ.水田雑草には,もともと日本列島の氾濫原湿地などに生育しており水田にも生育するようになった種と,イネとともに大陸から持ち込まれた種とがある.いずれにせよ強く高頻度な攪乱が加わる湿地環境に適応した攪乱依存種である.

除草剤が普及した現代の水田では,日本の水田雑草の多様性を理解することは困難である.しかし過去の記録は,水田が氾濫原の植物の生育場所であったことを明確に示している.日本の雑草学の先駆者である笠原安夫は,1951年に日本の水田に生育する植物とその分布域,雑草としての害の大きさを整理したリストを発表した(笠原 1951).また研究の集大成として『日本雑草図説』を著した(笠原 1967).笠原の一連の記録は,植物の生育場所としての水田の役割を知る上で,きわめて貴重な資料である.

笠原(1951)のリストには約 180 種の植物が掲載されている.この中にはヤナギモ,イバラモ,トリゲモなどの沈水植物や,シロネ,サクラタデ,ミソハギなど湿地を好む陸上植物まで,氾濫原の湿地に生育する多様な植物が含まれている.これら水田雑草は繁茂するとイネの収量を減少させるという意味では邪魔な存在でしかない.しかしこれらの植物の少なくとも一部は役に立つ場面もある.その 1 つが天候不順や災害で作物がとれなかったときの食べ物としての用途である.江戸時代には何度か大きな飢饉があり,それに対応して「救荒書」,すなわち通常の作物の代用として食べられるものをまとめた資料がつくられてきた.著者(西廣)らの研究室では,江戸時代に発行された 6 冊の救荒書に収録されている植物(救荒植物)を同定し,救荒植物データベースとして公開している.ここには 200 種近い植物が収録されているが,その約 1 割が上記の笠原の水田雑草リストにも掲載されている.救荒植物であり水田雑草でもある植物には,ミズアオイ,オモダカ,クログワイ,カワヂシャ,ミズオオバコなどが該当する.

たとえばミズアオイは,地域によっては活発な保護活動なども行われるような,現在では希少で花の美しい植物だが,享保元年(1716 年)に刊行された救

図2.4 『本草野譜』（享保元年（1716年））における「ミズナギ」（ミズアオイあるいはコナ
ギ）の解説（左）と著者（西廣）宅の食卓に上るコナギのおひたし（右）.

　荒書である『本草野譜』では，漢字で「浮薔」と書かれ「ミヅナギ」と仮名が
振られており，茎や葉が食用になることが説明されている．ミズナギはコナギ
の別名ともされるが，『本草野譜』に描かれた図版はミズアオイのようである．
ミズアオイにせよコナギにせよ，おひたしにするとクセがなくとてもおいしい
（図2.4）.

　これらの「雑草」は，田の作業では排除されつつも，いざ飢饉のときには人々
を救う植物として活用されていたのだろう．そしてこれらの多くはもとをただ
せば氾濫原の植物である．氾濫原の魚類や水生植物の多くは，人間が水田を拓
いたあともその環境を利用して存続し，場合によってはより生息範囲を拡大し
てきた．同時に人間はそれらの動植物を日常および非日常の食べ物として利用
してきた．コメの生産効率を追求した現代の水田とは異なり，かつての水田は
現代ほどのコメの収量は得られなかったものの，「ご飯もおかずも非常食もと
れる場」であったと考えられる.

2.2　中世・近世の治水

(1)　中世における平野部への進出

　古代から中世（奈良・平安時代）にかけての水田開発は，谷間の平坦地，中小河川の中流域に発達する扇状地，河岸段丘などを中心に進んだ．これらの場所は谷の源頭部を堰き止めたため池や小河川にかけた井堰から水を引きやすく，しかも洪水などの被害が少ないという意味で，比較的水を制御しやすい場所であったためと考えられる．

　奈良時代の墾田永年私財法で，土地の所有を明確化する必要が生じるとともに，有力な寺社などが土地の管理を発達させてきたころの水田の区画は条里制に基づいて整理された．条里制とは，1町あるいは1坪と呼ばれる109m四方の区画を基本単位として土地を管理する制度である．かつては九州から東北までの広範囲でこの規模の規則的な水田の形がみられた（図2.5左）．豊臣秀吉の太閤検地，明治時代の耕地整理法，昭和の圃場整備事業によって条里の土地利用は次第に失われたが，現在でも，古い水田の間の水路や道路が100m程度の間隔で残っていることがあり，条里遺構と呼ばれている．

図2.5　条里の分布（左）と荘園の分布（右）．
石井ほか（1986）をもとに作成．

　条里制による地割は，荘園すなわち大規模な私有農地に引き継がれた（図2.5右）．荘園の整備にあたって用排水路も多く建設されたことが各地の絵図などからわかっている．このように農地開発の記録は認められる一方，奈良・平安時代においては，荘園領主らによる治水事業の記録は乏しい．広い地域を防御する堤防の整備や河川の流路の変更といった大々的な事業が本格化するのは，戦国時代になってからのことである．それまでの治水の方法としては，居住地や荘園農地を守るために環状に堤をめぐらせた輪中堤のような堤防が中心だったようだ.

　輪中堤は現在でも濃尾平野などで有名だが，かつては特定の地域に限定された構造物ではなく，むしろ堤防の構造としては標準的だったようだ．川に沿って構築される連続堤は，長距離にわたって構築しないと機能しない．大規模な連続堤を築くことは小規模な集落単位では不可能で，規模の大きな管理単位や，大きな権力をもったリーダーが不可欠である．これに対し，集落の周辺を囲む輪中堤であれば，比較的小規模な社会単位でも建築できる．土木技術だけでなく，社会構造も堤防のあり方に影響するのだ.

　輪中堤は，単に集落を囲んで洪水の侵入を防ぐ構造物ではない．輪中の集落では平常時には水を生活や農業に便利に利用し，緊急時にはある程度の浸水はするものの人命や重要な財産は守られるように工夫がなされていた．輪中の堤防は，集落や農地の上流側だけ設置される場合が少なくない．あるいは下流側に堤防があっても上流側よりも低い場合が多い（図2.6）．洪水の際，流れの強い濁流の流入を防ぐため上流側の堤防が高く強固であることは重要である．一方で，下流側まで同様につくってしまうと，堤防で囲まれた中に入った水が河川に戻らず，深く長く浸水することになる．そのため水の出口として下流が開いていることは治水上，重要である．さらに下流側が開いていれば，勢いを失った洪水が輪中内の農地に入り込む．これは前述のような施肥効果をもっていただろう．このように，輪中集落はリスクを低減しつつ恩恵を利用する技術だったといえる.

　さらに輪中集落内には，洪水の際に避難する高台である「助命壇」，母屋よりも一段高い地盤に立てられ重要な家財道具などをしまっておく「水屋」，いよいよ浸水深が深くなってきたときの避難用に軒下に吊るしておく「上げ舟」とい

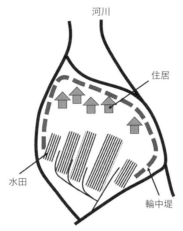

河川

住居

水田

輪中堤

図 2.6　輪中堤と集落の模式図.

った仕組みが備わっている場合が多い．洪水を完全に防ぐことはできないことを前提に，洪水に直面する順序が，農地，家，重要な財産，生命となっている．すべてを一律に守ろうとする現代の連続堤とは，防災への思想が異なる．

　また輪中地帯の農地は，低地の土地を掘り上げ，周囲よりも高い場所を田んぼとして利用する掘り上げ田（図 2.3）が多かった．掘り上げ田は水深の深い湿地でも何とか稲作を実現するための苦肉の策のようにもみえるが，上述したように，周辺の水路は水田漁撈の場としても重要であり，湿地ならではの活用もあっただろう．このように輪中集落とは，洪水の力を「いなし」つつ，湿地の資源を巧みに活用する知恵が詰まったものであった．

(2)　戦国武将の治水と開発

　「水を治めるものは，国を治める」．これは中国の春秋時代（紀元前 770〜220年ごろ）に斉という国を治める基本方針として語られた言葉とされる．斉は黄河の河口域，すなわち低地の湿地域に発達した国であったといわれている．水害を防ぎつつ洪水が運ぶ栄養を活かした農業を展開することが，国力の増強の基盤となるという考えだろう．

　中国の春秋戦国時代とは年代は大きく異なるが，日本の戦国時代においても，各地域を治めた武将は，領民への強い支配力を背景に自国の財政基盤の強化の

ため，治水，利水，農地開発を一体のものとして，河川堤防や堰の築造，用水・
ため池の整備などを進めた．戦国時代以降に各地を治めた大名が主導した大規
模な開発は，それまで開発が困難であった扇状地，低平地，三角州の平野全域
に及ぶ．戦国時代は日本における土木事業の開花期であり，この時代の事業が
現在に至る地域の土地利用の土台をなしている地域も少なくない．

　治水にまつわる土木事業で有名な戦国武将として，武田信玄，豊臣秀吉，加
藤清正があげられる．武田信玄が行った治水事業では，甲府盆地に流入して氾
濫を繰り返していた釜無川・御勅使川・笛吹川といった暴れ川の流路を安定さ
せるとともに，氾濫しても田畑が土砂などによって被害を受けず，氾濫した水
が川に戻って自然に排水されるようにするといった巧みな仕掛けが随所に設け
られた．とくに甲府盆地西側から多量の土砂を運び急勾配の扇状地を形成した
御勅使川での治水の工夫は顕著である．具体的には，旧御勅使川を分流して釜
無川との合流点をずらし，高岩と呼ばれる岩壁にぶつけることで洪水流を制御
する工夫，多様な水制，信玄堤と称される霞堤（詳しくは後述），万力林と称
される水害防備林などによって氾濫を制御する工夫などが認められる（図2.7）．
これらの事業により，氾濫常襲地帯であった甲府盆地に広い農地がつくられた．

図2.7　武田信玄による釜無川の治水．
　　　実線は武田信玄により築かれた堤防などを示す．

　豊臣秀吉は，織田信長に仕えていた時期から築城，城下町の建設などにも才を発揮し，濃尾平野の氾濫原に砦（現在の墨俣城）を短期間で築くために資材を川流しにより運搬したとされる逸話や，備中高松城（岡山県）を攻略するにあたり足守川を土手で堰き止めた水攻めの記録が残っている．淀川下流域に大阪城を築城し，本拠地を移して関白となってからは，近畿から大阪平野にかけて大々的な開発を行った．現在の京都府から南流する桂川，滋賀県の琵琶湖から流れる宇治川，三重県から北流する木津川の三川合流部の東に存在していた広大な巨椋池は，宇治川の遊水地であった．秀吉は宇治川に沿って堤防（槇島堤）を築き，宇治川と巨椋池を分離するとともに，宇治川の流れを大阪城に続いて築いた伏見城の城下に導き，宇治川の流れを水運に利用した（図2.8）．宇治川左岸堤防にあたる槇島堤の西に，巨椋池を東西に分離する形で堤防（小倉堤）を築き，奈良から伏見に至る大和街道としてこれを利用した．桂川と淀川の右岸にも堤防を築き，幾筋も分かれて流れていた川筋を安定させた．秀吉が行った，淀川に至る三川と巨椋池の大事業は，その後現代まで続く淀川水系の治水事業と都市としての大阪の発展の基盤をなすものであったといえる．

　加藤清正が現在の熊本県で行った白川・坪井川などの治水事業，熊本平野・

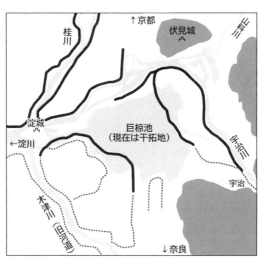

図 2.8　豊臣秀吉による巨椋池周辺の開発．
実線は豊臣秀吉により築かれた堤防を示す．

八代平野・玉名平野の干拓と堤防整備なども有名である．加藤清正は，長年仕えた豊臣秀吉から肥後国北半国を与えられ，約10年の短い期間に井堰の築造，河道の付け替え，掘割，用水路の造成などを盛んに行い，治水，利水，舟運などを兼ね備えた秀逸な仕組みを熊本平野一帯に構築した．加藤清正は石積みを巧みに用い，築城の名手としても知られている．その事業の跡は現在まで数多く残っており，現在の熊本の土地利用の骨格を形作っている．

　武田信玄，豊臣秀吉，加藤清正だけでなく，各地を治めた戦国武将が堰の築造，用水路の整備，築城，街道整備，鉱物資源の開発（金山銀山）などを進めた．戦国時代は治水・利水のみならず土木技術が大幅に進歩した時期であり，のちの江戸時代の開発を支える下地となった．

(3)　霞　堤

　戦国時代の武将は，領地の安全を確保しつつ農業生産を少しでも安定させるために，さまざまな土木工事を実施してきた．堤防はその代表的な構造物である．現代では堤防といえば，川と並行に土を盛り上げた途切れ目のない構造物がイメージされやすい．しかし切れ目のない連続堤が標準になったのは，大規模な土木工事が可能となった明治時代以降の近現代であり，それ以前は長く連続した大規模な堤防を築くことが難しく，市街地や有力者の所領などの重要拠点の守りを優先して断続的に築かれ，左岸・右岸も不均一であった．霞堤は，こういった拠点防御を主眼とする伝統的な治水工法の1つである．

　ところで，「堤内地」「堤外地」という言葉がある．堤内地とは，堤防を挟んで陸側を指し，農地や居住地がある土地である．堤外地とは，堤防の河川側の土地である．現在の連続堤からは，2つの堤防に挟まれた場所が「内側」というイメージでとらえたくなるが，そちらは堤外地である．これは堤防の起源が輪中堤であったと考えると納得がいく．輪中堤では人がもっぱら生活に利用する側が「内側」に，河川は「外側」に位置している．

　同様に，「外水」「内水」という言葉がある．外水とは河川からあふれてきた水のことであり，内水とは堤内地に降った雨水のことである．大雨で堤防が切れたり堤防を水が乗り越えたりして引き起こされるのが外水氾濫であり，その結果引き起こされるのが外水被害である．これに対し，降った雨がうまく河川

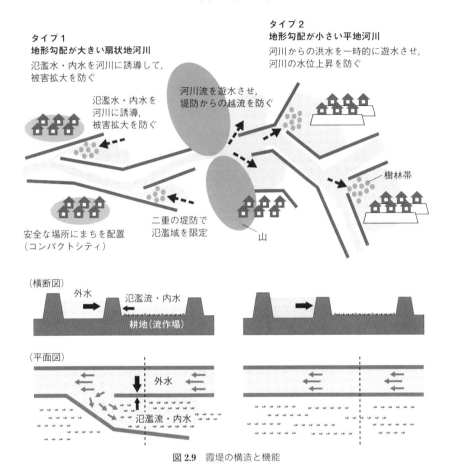

タイプ1
地形勾配が大きい扇状地河川
氾濫水・内水を河川に誘導して，
被害拡大を防ぐ

タイプ2
地形勾配が小さい平地河川
河川からの洪水を一時的に遊水させ，
河川の水位上昇を防ぐ

河川流を遊水させ，
堤防からの越流を防ぐ

氾濫水・内水を
河川に誘導，
被害拡大を防ぐ

樹林帯

安全な場所にまちを配置
（コンパクトシティ）

二重の堤防で
氾濫域を限定

山

（横断図）

外水　　氾濫流・内水

耕地（流作場）

（平面図）

外水

氾濫流・内水

図 2.9　霞堤の構造と機能

に排水されず，農地や家屋を浸水させるのが内水氾濫・内水被害である．これらの区別は，霞堤の機能を理解する上で重要である．

　霞堤は，図 2.9 上に示すように川沿いに不連続な堤防を二重に築く工法である．現在一般的な連続堤は外水の氾濫を防ぐことを主目的としているが，霞堤は①水位が上昇した河川からの水（外水）をあふれさせて一時的に貯留し下流を大規模な水害から守る機能と，②居住地・農地に降った水（内水）や河川からあふれた外水をすみやかに河川に戻す機能の両方を備えた構造物とされる（大熊 2004）．

　①の機能は河川周辺の土地を遊水地のように活用するという意味である．河川の勾配がゆるいところでとくに効果がある．②の機能は，内水の被害を最小化する発想であり，河川の勾配が急なところでとくに効果を発揮する（寺村・大熊 2005）．たとえば，滋賀県には河川の勾配が急で堆積物が多い天井川が多数あるが，そこに残る霞堤のほとんどは主として②の機能を期待して設置されたものと考えられる．いずれの目的で設置された霞堤も，「河川の区域から水をまったく漏らさないようにする」という現代の連続堤とは発想が異なるものである．

　河川の水位が堤防の高さを超えて，洪水が堤内地にあふれ出すことを越水という．越水すると堤内地の土地が冠水するのでリスクではあるが，堤防自体が破壊されていない限り，あふれてくる水の量や流速は制限されるため，河川の水位が堤防より下がるまで避難できれば，人命は救われる．恐ろしいのは，洪水により堤防が破壊される破堤である．破堤すると河川の洪水が一気に堤内地に流れ込み，激しい流れによって家屋や農地が壊滅的な被害を受けてしまう．また，破堤した場所からは大量の洪水が流れ出すため，浸水は広範囲に及ぶ．ただし，この避けるべき破堤は，多くの場合，越水が引き金になって生じる．まず越水が生じ，それによって堤防が削られた結果，破堤に至る場合が多いのだ．そのため，治水の計画では越水を起こさせないことに多くの努力が払われる．

　霞堤が築造されている場合，二重の堤防に挟まれた土地には，洪水時に本流の河川水が一時的に溜まる．河川に隣接する場所に，洪水で水位が上がっている間だけ水が溜まる現象やその水を遊水という．霞堤の二重の堤防に挟まれた土地は霞堤遊水地ともいい，河川からの外水と陸側からの内水の両方が溜まる場所となる．外水の一部が遊水されると，本流の水位上昇が抑えられ越水の危険性が小さくなる．さらに，仮に増水して本流側の堤防で越水しても，霞堤遊水地もすでに湛水しているため，本流側と遊水地側の双方からの水圧に支えられ，堤防が大規模には決壊しにくい状況もつくられる（図2.9 中・下；杉尾 2017）．このように，霞堤は洪水自体を堤防の支えとして活用し，深刻な被害を防ぐ巧みな仕組みでもある．

　一方，現代では標準となっている連続堤の場合は，越水せず堤防が保たれて

いる間こそ堤内地は河川の洪水から完璧に守られるものの、ひとたび越水すると破堤しやすい。そして破堤すると、その周辺では洪水の強いエネルギーを受け、壊滅的な被害が発生する。また高さや強度が均一な堤防が連続していれば、どこで越水・破堤するのか特定しづらくなり、被害の想定も難しくなる。このように現代の標準である連続堤は、一定レベル以下の洪水に対しては確実な機能が期待できるものの、その閾値を超えると非常に脆弱なシステムといえる。

霞堤は全国各地にみられたが、土地利用の高度化とともに連続堤化が進み、多くが消失した。しかし、連続堤にはない霞堤の長所が認識され、あえて残されてきた事例もある。昭和35（1960）年5月31日の朝日新聞（滋賀版）の記事に次のような記述がある。伊勢湾台風で被災した天野川（米原市）の災害助成事業を取り上げた「巧みな人工のカーブ」と題された記事であり、当時の県担当者はかつての彦根藩による霞堤を残す判断をしたことを伝えている。

川ぞいを歩いてみるとよくわかるが、とにかく、よく曲がりくねった川だ。これが自然のものでなく、人工的になされているから驚く。手をつけたのは幕末の彦根藩主井伊直弼といわれる。屈曲点は「霞堤」という工法で補強がほどこしてある。…人家や堤防決壊を防ぐ狙い。…両岸をコンクリートブロックで固め、川底をうんと広げて万全を期すと県長浜土木事務所はいうが「霞堤」はそのまま残すのだそうだ。

今でも中小河川の中上流部には地域に守られた「現役の」霞堤をときどき目にすることがある（図2.10，口絵5参照）。国が管理する河川でも、北川（五ヶ瀬川支川，宮崎県）や北川（福井県）では霞堤を残した改修が実施されている。

新聞記事を紹介した天野川の事例では、当時の担当者は霞堤を積極的に残すことを選択している。確かに、著者（瀧）が滋賀県庁に就職したころ、経験豊かな上司から「災害復旧や改良時にも上下流・左右岸の堤防の高さの関係は変えてはいけない」と聞かされた。復旧後にも想定レベルを超える洪水があることを予見し、伝統技術を活かし地域を守ろうとする治水文化は、暗黙知として最近まで現場にあったように思う。

連続堤と比べ、洪水時には河川とつながる霞堤付近の場所は、氾濫原の生物の生息場としても重要であると考えられる。しかしそのような研究は進んでおらず、今後の課題である。

図 2.10　現代に残る霞堤，天竜川支川三峰川（長野県伊那市）（口絵 5 参照）.
2020 年 12 月 25 日撮影.

(4)　江戸期までの治水

　霞堤は戦国時代以降に各地で建設されたが，すべての堤防が霞堤だったわけ
ではない．明瞭な開口部をもたない連続堤の建設も進行した．連続堤というと，
現代的な，河川の両岸で同じ高さの堤防が延々とつながっている様子を想像し
やすい．しかし戦国時代から江戸時代初期には，堤防が高い場所と低い場所を
積極的に設け，水害から守る場所と犠牲になる場所を積極的に作り出すような
方策が各地でとられた.

　木曽川の御囲堤は代表的なものの 1 つである．西から順に揖斐川，長良川，
木曽川が流れ込み，河川が入り乱れて流れる濃尾平野は，水害常襲地帯であっ
た．当時の技術力ではこれらすべての洪水を抑え込むことはできなかった．御
囲堤はこのような状況の中，木曽川の左岸側，すなわち尾張藩側を守るように
つくられた堤防である（図 2.11）．対岸の美濃側には「三尺低かるべし」という
命が下され，尾張側の洪水被害を抑制したといわれている．これは徳川御三家
の 1 つである尾張藩の権力を反映したものといえる.

　このように，特定の地域に狙いを定めて水害から守る，言い換えれば別の場
所の犠牲を前提とした拠点防御の思想は，武家政権による支配が強まった室町

図 2.11 木曽川左岸に築かれた御囲堤.

〜江戸時代に各地で認められる. 河川の流路の付け替えにもそれが反映されている例がある. 滋賀県東部を流れる芹川は, 井伊氏の彦根城築城と城下町整備に伴い, 城下町を洪水と西国大名から防御するため, 1603 年から 1622 年ごろまで工事が行われ流路が付け替えられ, 堀としての機能をもっていた. 堤防には補強のためケヤキなどの木が植えられた. 彦根城下町が広がる右岸側の堤防のみ, 堤体の中心部に「はがね」と呼ばれる遮水構造があり, 水の浸透を防ぐようになっていた (図 2.12). また, 左岸側の低平地は水田として利用されており, 右岸側の城下町を防御する仕組みが徹底されていた.

江戸時代の中期に入ると, このような特定の拠点を防御する治水だけでなく, より広域的な水害防御が徐々に発達してきた. その背景には, 新田開発が発展し, 拡大した耕地を何とか水害から守り, 安定した生産基盤を築こうという方針があったようだ. この時代には, 地域間の差はあるものの, 農民の暮らしも比較的安定し, 堤防の維持管理などに労力を割けるようになってきたことも関係しているだろう.

江戸時代に各地の農民がその知識を後世に伝えるために編纂した農書には, 農作業の方法だけでなく, 治水について記述したものもある. その 1 つ, 『百姓伝記』(1680〜1682 年) では, 霞堤開口部付近の遊水地を, 流作場と呼ばれる農地として活用することが説明されている. たとえば次のような記述がある.

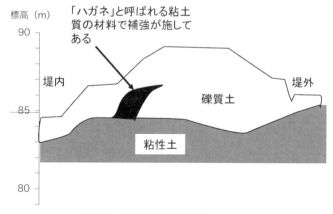

図 2.12　芹川右岸堤のハガネ.
滋賀県（2005）をもとに作成.

　大川の治水には堤防を二重に築き，河に面した堤と後退して位置する堤防
との間は流作場としてふだんは耕作をし，洪水により前の堤防で支えきれ
ないときは後ろの堤防で支え，この間の作物は捨てよ．たとえ二重に築か
なくても川幅を広くとって普段は耕作させよ．水は広がって流れるときは
水勢は弱い（現代語訳：安達 1997）.

　同様に，江戸時代後期に編纂された『甲斐国志』（1814 年）には，新田開発
のため連続堤化が進んだ様子が示されている．このころには正規課税地を増や
すため検地が重ねられ，広い河川敷や堤防間の流作場のような耕地も課税の対
象となる田畑となり，災害から防御される対象になってきた．その結果，でき
る限り河川敷を狭めるため，連続堤を築きそこに洪水を閉じ込める努力がなさ
れるようになった（安達 1997）.

　江戸時代末期に幕府が編纂した『河治要録』では，連続堤を前提として，堤
防を保護したり，いざ堤防を越流する洪水が生じた際にはその勢いを弱めたり，
また流木による被害を軽減したりするために，水害防備林を設置する意義が説
明されている（知野 1997）．農書においても，次のように柳と竹を活かした堤防
の保護が説明されている.

　　水を防ぐ堤防には柳を植えるにこしたことはない．しかしながら，柳にも
　　いろいろあるので，日頃見て覚えておくこと．川柳といって，枝分かれが

図 2.13 安曇川の水害防備林「玄斎薮」(滋賀県高島市新旭町太田, 安曇川左岸堤).
2009 年 11 月 8 日撮影.

多く, 木の丈が高くならず, 葉の細い柳があるので, これを水際から堤の腹にかけてびっしりと植えて置き, 秋の末に枝を刈り取って, 若芽の出やすいようにしておく. …竹を植えるなら, 女竹を植えて年々刈り取って伸び上がらないようにすること. 男竹を植えて生い茂らせると, 堤はゆるんで穴があく. 堤にはもぐらが住んで土をもちあげることが多いので, くちなしの木をところどころに挿しておくとよい. (現代語訳：岡・守田 1980)

滋賀県西部を流れる安曇川には, 江戸時代中期に整備された防備林が今も残る (高島市新旭町太田付近). 長谷川玄斎 (1750 年没) が堤防補強のために竹林を造成したもので, のちに扇骨などにも利用され地場産業を支えた. この地域では玄斎薮と呼ばれ, 一部が今も残されている (図 2.13).

このように河川の堤防は, 輪中堤のように洪水から集落や農地を守りつつその恩恵を利用する段階から, 徐々に広い範囲を防御対象に含むように発達してきた. しかしすべてを一律に守るという形にはならず, ある程度の氾濫を許容する範囲を設定し, そこで水を「いなす」技術も含めて発達してきたものといえる. このように「洪水を許容し, いなす」という段階は, 後述する「あらゆる場所で氾濫が起きないように計画する」明治期以降の治水思想からみれば不十分な, あるいは移行的なものにみえるかもしれない. しかし, 上で述べたように洪水が災いと恵みの両方をもたらすことを考えれば, そこから学ぶべきこ

ともあるだろう.

2.3　　近代から現代の開発：河川と氾濫原の変容

(1)　国による治水が強化された明治時代

　明治期に入ると，中央集権化が進み，国力増進のための大規模な事業が大き
く進行した. 明治 29（1896）年に河川法が制定され，連続堤方式による治水制
度が確立された. 高い連続堤による治水は，計画規模内の洪水であれば水害を
完璧に近い状態で防ぐことができ，増加する人口を支える土地を確保できる.
その一方で，ひとたび決壊すると甚大な被害をもたらす. この問題は，明治時
代当時から指摘されていた.

　日本で最初の公害事件といわれる足尾鉱毒事件について明治天皇に直訴した
ことで知られる田中正造は，河川の管理と治水について，現代への示唆に富む
論考を数多く残している. たとえば以下のような記述がある.

　　　古来の洪水は天然肥料の流れ来るを以て，農民は洪水を歓迎せしものなり
　　　き. 何の天災か之れ有らん.（1911 年 4 月 12 日付の治水調査会宛の陳情書）
　　　むかしは水害浅く，堤低くして深く憂えとするに足らざればなり. …河川
　　　法又改めりで，築堤学進んで堤防高くなり，一朝の破堤，水害むかしに数
　　　倍す. …新川をほり山をきり，流水を左右せんとせば，一つの利を見て百
　　　の災害に及ぶものなるけり.（1919 年 11 月 8 日の日記）

　すなわち，昔は堤防が低く水害が生じてもさほど深刻なものではなく，むし
ろ土地を肥沃にする重要な役割を担っていた. しかし新しい河川法に基づく高
い堤防がつくられていくと，一度破堤すると大規模な水害が生じる. 自然の地
形に沿った管理をしないと，限りなく被害が生じることを指摘している.

　一方，体制側といえる河川管理者がこのような問題を認識していなかったか
というと，決してそのようなことはなかったようだ. 技術官僚のトップである
初代内務技監で，淀川をはじめ国内の多数の河川の治水計画の立案に携わった
沖野忠雄は，当時会長を務めていた土木学会の第 3 回総会（1917）の講演で次
のように述べている（土木図書館委員会 沖野忠雄研究資料調査小委員会 2010）.

　　元來，堤防を以て洪水防禦の唯一手段となすことに就いては，治水上議論
　　の存する所にして，必すしも最善の方法と言ふにあらす．蓋し各河川には
　　皆相当の洪水区域ありて，往昔に於ては悉く氾濫に委したるため，洪水区
　　域の外被害と言ふものなかりしと雖も，人口の増加と共に土地の利用を要
　　するに従ひ，成し得る限り氾濫区域を縮小するの方法を取るに至りしもの，
　　今日の堤防の沿革なり．…故に堤防に依り如何なる洪水に対しても，絶対
　　的に被害を防止するの困難なるは言ふまでもなきことにして，一度決潰す
　　るときは堤防なきよりも著しきことは理論上は勿論古来歴史の證明する所
　　なり．然るに，我国の農業の仕方は世界各国と異なり稲田を主として灌漑
　　用水を各河川に仰き，其耕地は何れも河流の低地にあるを以て，堤防に拠
　　り洪水を防くの外に方法なし，是れ各河川等しく堤防を設けて治水の計を
　　立つる所以なり．

　この演説では，人口増加のため元来は人が住むのに適さなかった氾濫原を開
発せざるを得なくなったことを背景に，大きなリスクを伴うことは承知の上で，
堤防に頼った治水を進めなくてはならなくなったことが述べられている．国土
管理に責任をもつ者の覚悟がうかがえる．

　明治期以降の治水事業と氾濫原の開発は，それ以前の開発とは質的に大きく
異なる．明治政府による国力増強に向けた一連の政策により，土木工事が大規
模かつ広域化した．江戸時代の国家統治の基本単位は藩であり，1つの河川流
域に複数の藩が配置されていた地域では藩ごとに治水や開発が進められてお
り，水系全体を対象とした治水計画は存在しなかった．しかし明治政府により
県をまたぐ河川についても一貫した計画が立てられるようになった．

　明治政府は欧米列強に並ぶ近代国家となることを目指し，各分野での法整備
を含む仕組みづくりを急速に進めた．河川に関しても明治6（1873）年に河港
道路修築規則が定められた．この規則では，河川と灌漑用水路を3等級に指定
し，一等河は利害関係が複数県に及ぶ河川，二等河はほかの管理者との利害関
係が生じる河川，三等河は市街郡村の利害に関する河川および灌漑用水路とし
た．一等河と二等河は工事費の6割が官負担，残り4割が民負担とされ，三等
河は地方民が負担することが定められた．

　河川・港湾・道路の等級を定め，管理の主体や費用負担の原則を定めたこの

規則は，国・県・市町村と地域住民の役割分担を明確にした点で，それまでにはないものであった．しかしその後の明治政府の租税制度の見直しなどにより，ほどなく実効性を失った．そのため明治期の河川改修では，一等河に指定された淀川，利根川，信濃川，木曽川など，大河川を対象とした国による直轄の事業ばかりが進められた（松浦・藤井 1993）．

　建設機械の導入やコンクリートの普及など，土木技術の劇的な欧米化も，明治時代以降の大規模事業を現実化する上で不可欠な要素であった．明治政府は大河川の改修にあたり，戦国時代から江戸期に発展した日本独自の治水方式に頼らず，欧米諸国からの技術導入によってこれを進めようとした．明治政府が殖産興業政策のために招聘した外国人専門家，いわゆる「お雇い外国人」は，鉄道，鉱山，軍事，医学，工学，農学など各分野で異なる国々から招かれていた．イギリス，アメリカ，フランス，ドイツからのお雇い外国人が多かったが，河川と港湾の分野については，ヨハニス・デ・レーケに代表されるオランダ人技術者に頼ることになった．

　明治政府はこれら外国人技術者に頼るだけでなく，日本人技術者を海外留学に派遣し，近代治水技術の導入を進めた．明治期後半には，欧米への海外留学を終えた日本人技術者が持ち帰ったオランダ以外の技術の導入や，国内で育成された日本人技術者が活躍する場が増えたとされる．

(2)　河川法の制定と国土保全

　河港道路修築規則に変わり，明治29（1896）年には最初の河川法が制定された．その翌年の明治30（1897）年には森林法，砂防法も制定されており，これらはまとめて治水三法と称される．この時代の国土の様相はどのようなものであっただろうか．

　江戸中期から明治期にかけて森林資源は強度に収奪的な利用を受けており，とくに江戸期における山林管理のルールが大幅に失われた明治期においては，人里に近い里山から河川上流部の山間部に至るまで，禿山・草山が広がり，樹木が生い茂る現在とはだいぶ異なる様相となっていたことが指摘されている（本シリーズ第2巻，太田 2012）．山林の植生は，土質や斜面の勾配とともに，土砂の流出の程度に大きく影響する．大まかにいえば土砂の流出量は，裸地，草

原，単調な樹林，高木・低木・草本層が発達した複雑な樹林の順に多い（千葉1991）．したがって，樹木の伐採が盛んになった明治期は，多くの山林において河川への土砂流出量が増えたものと考えられる．そのため洪水のたびに土砂が河道に堆積して河床が上昇し，断面積を小さくしていった．これは，河川での頻繁な氾濫を引き起こす原因になった．

　河床の上昇にあわせて人間が繰り返し堤防を嵩上げした結果として形成されたのが天井川である．天井川は現在でも多く残っており，道路や鉄道が天井川の川底をくぐるように整備されている箇所もある(図2.14)．このような地形は，山からの土砂供給が極端に多かった江戸時代末期から明治期に形成されたケースが多い．

　明治政府が国家の近代化と富国強兵を進めるためには，治水と農業生産力の増強が喫緊の課題であったが，明治政府はこれを実現するために，荒廃した山地における森林の回復，砂防事業による土砂流出の抑制，沖積平野を流れる大河川の改修と氾濫原の開発を推し進めた．その結果，農地面積は明治初頭の300万 ha あまりから明治 45（1912）年には 565 万 ha（清水 1968）へと大幅に増加し，同じく明治初頭には 3500 万人であった人口も，明治 45 年には 5000 万人を超えた（総務省統計局 2021）．

　次項以降では，明治期から現代にかけて行われた治水事業と，それが河川をとりまく生態系に与えた影響についてみていこう．

(3)　近現代の河川改修とその影響

a.　河川の直線化

　第 1 章でみたように扇状地や平野部の河川の流路は，相互に分流・合流を繰り返し，また蛇行するのが普通である．しかし治水を目的として，これらを減らしていく事業が行われてきた．流路の分流や合流は洪水時の水位が高くなりやすいため，そのような点を減らしたほうが越水のリスクは下げられる．また蛇行した流路を直線化すると，同じ高低差をより短距離の河川で結ぶことになるので，河床勾配が急になり，洪水を水理学的に効率よく流すことにつながるためである．

　河道の直線化と流路の統廃合により，洪水はよりすみやかに河口まで流れる

図 2.14　滋賀県の天井川.
　　　　　　（上）旧草津川（滋賀県草津市）. 現在は廃川となった
　　　　　　が 2002 年までは JR 琵琶湖線の上を横断して流れて
　　　　　　いた（滋賀県提供）.
　　　　　　（下）家棟川（滋賀県大津市南小松）. 国道 161 号線の
　　　　　　上を横断して流れている.

ようになり，洪水時の水位は低下し，継続時間も短縮された．一方で，河川の
蛇行の喪失は，河川内の環境の多様性の喪失を招いた．河川に生息する魚類な
どの動物は，流速や水深に応じたすみわけにより，多種の共存を実現している．
蛇行した河川は，多様な生息環境を内包しうるのに対し，直線化された河川で
はそのような環境の多様性が失われ，そこに生息できる魚類は大幅に減少する．
たとえば鬼怒川への流入河川である田川では，約 1 km の区間を直線化する工
事が行われた．直線化以前は，遊泳魚 5 種，底生魚 6 種が確認されていたが，

直線化後の調査では，底生魚のうち，ナマズとホトケドジョウはまったく確認できなくなり，シマドジョウとドジョウの密度も大幅に低下したことが報告されている（島谷ほか 1994）．これは直線化により流れが単調になり，水路内の淵（深み）がなくなるとともに，生息に適した砂が堆積する場所が減少したことが影響していると考えられている．

b. 支川の統合・合流地点の減少

近代的な河川の改修には，蛇行河川の直線化だけでなく，多数存在した河川の支流を少数に統合したという側面もある．このような小河川の統合は，とくに平野を流れる河川で，主に治水を目的として各地で行われた．

支流の統合は，支流どうし，あるいは支流と本流の合流地点の減少をもたらす．河川の合流地点は，河川に生息する魚類にとって特別な意味をもつ場所である．釣りを趣味にする読者であれば，支流から本流への合流地点付近は魚がよく釣れる「ポイント」であることをご存知だろう．実際，合流地点付近は魚類の多様性や個体数が多いことが知られている（Rice et al. 2008）．また，本流と支流という川幅や流量などの特徴が異なる河川が合流していることで，本流の水温が高いときに冷水性の魚類が支流に避難したり（Ebersole et al. 2015），また出水時に魚類が支流に逃げ込んだり（Koizumi et al. 2013）できるという点も重要である．支流の統合による河川環境の単純化は，そこに生息する生物の単調化をもたらしたものと考えられる．

c. 陸域・水域の二分化

堤防と堤防に挟まれた空間のうち，平常時は陸地で，洪水のときだけ冠水する場所を高水敷という．高水敷は，堤防を流水による河岸浸食の作用から守る機能をもち，堤防と低水路の間に設けられる平坦な造成地である．都市近郊の河川では高水敷を広く造成し，貴重なオープンスペースとして草野球場など多目的な利用を可能にしている場合もある．

低水路を掘削・浚渫した土砂を高水敷の盛土材料とすることが多く，高水敷の造成と低水路の掘削は同時に進行することが多い．同時に，高水敷の河岸を低水路の流水から防御するため低水護岸が設置され，低水路の位置が固定される場合も多い．さらに上流にダムが建設され，河川への土砂の供給が減少すると河床が低下し，この二極分化はさらに進行する．

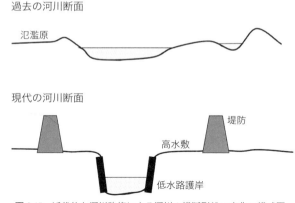

過去の河川断面

氾濫原

現代の河川断面

堤防

高水敷

低水路護岸

図 2.15　近代的な河川改修による河川の横断形状の変化の模式図.

　このような改修は，本来は水深や冠水頻度が連続的に変化していた河川と氾濫原を，「常に水が流れる場」と「平常時は乾燥している場」へ二極分化させることになり，湿地性の生物の生息場の喪失を招いた（図 2.15）．高水敷と低水路の高さの差が大きいほど高水敷の冠水頻度が低下するため，湿地としての特徴を備えた場が成立しにくくなる．とくに高い冠水頻度によって維持されていた浅い水深の湿地や，植被のまばらな湿地といった氾濫原の要素が失われる．河川の敷地内であっても「頻繁に冠水する，攪乱の影響を強く受ける場」は減少の一途をたどっている．

d.　河川と氾濫原との断絶と水田の変化

　かつての霞堤や輪中堤にかわって堤防の主流となった直線的な連続堤の建設は，多くの場合，河川の河道とその周辺の氾濫原との間の生物の行き来を困難にした．連続堤が河川の水を堤防からあふれないようにすることを目指して進められてきたのだから，当然である．

　この変化は，生活史の中で氾濫原と河川を行き来する生物にとって，とくに顕著に影響する．アユモドキという関西地方固有のドジョウの仲間の魚類がいる．アユモドキは 5〜7 月ごろに本川から氾濫原やその代償的な環境である水田水路に遡上し，そこで産卵する．産卵は，通常は冠水していない湿地が洪水により水没したタイミングで，その植生の間にばらまくように行われる（図 2.16）．その後，産卵を終えた成魚と孵化した稚魚は，氾濫原湿地から河川に戻ってい

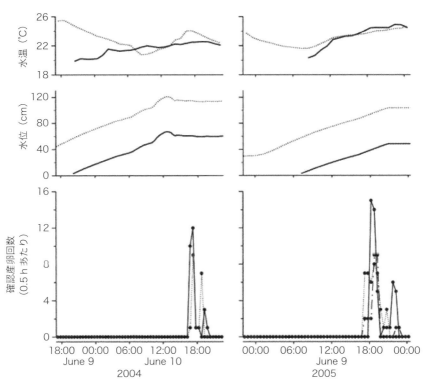

図 2.16 アユモドキが産卵する水路および水位–産卵の関係.
実線は河川の本川，点線は河川とつながる水田水路での観測.
Abe et al.（2007）を改変.

く．このように氾濫原と河川を行き来して生活する魚類に対して，洪水時の河川と堤内地の連続性を完全に遮断する連続堤の建設は致命的な影響を与える．現在，アユモドキは近年における減少が顕著で，国のレッドリストで絶滅危惧 IA 類に選定されている．

　地形が平坦で栄養に富んだ氾濫原は，水害さえ防げればきわめて良好な農地となる．氾濫原の農地開発は世界各地で進行した．ヨーロッパの多くの地域のような畑作地帯では，農地開発は湿地の喪失を意味する．しかし日本を含む稲作地帯では，本章の前半で解説したように，水田が食糧生産の場であると同時に，かつて氾濫原に生息していた動植物の代替的な生育・生息場所として機能

してきた．それは水田生態系が水田，水路，ため池など，水深や流速が相互に異なる多様な湿地から構成され，それらが相互に連結していること，そして水田の耕作や水路の泥上げなど，適度な撹乱が加わることで実現していた．

　しかし現代の多くの水田は，氾濫原の生物の生息場としては十分な条件を備えていない．1960 年代半ばから全国的に進行した圃場整備事業により，水田が有していた「湿地の生物の生息環境」としての役割は大きく失われた．

　圃場整備事業による主要な影響は，乾田化の影響と用排水路整備の影響に分けられる．現代の水田の多くは乾田と呼ばれる排水施設の整った水田であり，水田面に水を湛えている期間は一年のうち 4〜5 か月程度でしかない．乾田はイネの成長や大型の機械の使用には適しているが，魚類や両生類の生息には不適である．たとえばトノサマガエルは，春に産まれた卵から孵化したのち，夏まで幼生（オタマジャクシ）として過ごすが，現代の乾田での通常の農業では，成体になる前に中干しという水抜きの時期を迎えるため生活史が完結しにくい．現在，同様の生活史をもつ「とのさまがえる」と称されるカエルのうち，トウキョウダルマガエルとトノサマガエルはレッドリストにおける準絶滅危惧種，ナゴヤダルマガエルは絶滅危惧 II 類に選定されている．

　カエル類ではアカガエル類も乾田化の影響を強く受ける．アカガエル類は冬季に産卵するため，冬季の水たまりや湿地が不可欠である．湿田や湧水周辺は格好の産卵場であった．しかし田んぼの地中に暗渠パイプが埋設されて乾田化されると，非灌漑期である冬季にはカラカラに乾燥することが多く，産卵に適した場所が失われる．実際，千葉県内でニホンアカガエルの卵塊数を経年的に調べた研究では，乾田化の事業を境に産卵が激減したことが示唆されている（Kidera et al. 2018；図 2.17）．

　圃場整備事業が行われる以前の平野の水田では，用水も排水も兼ねた水路が水田の間にめぐらされていた（図 2.18 上，口絵 6 参照）．この時代の水路の水面の高さは水田の水面と大きく変わらず，水路と水田は降水により頻繁に「つながって」いた．第 1 章で述べた田んぼでのウナギ獲りができたのもこの時代である．しかし現代の多くの水田は用水と排水が分離されている．用水は大規模な用水路網を通じ，大河川や農業用のダムからポンプで汲み上げられて広範囲に配水され，水田のバルブを開けて給水される．排水は深い排水路や地中のパ

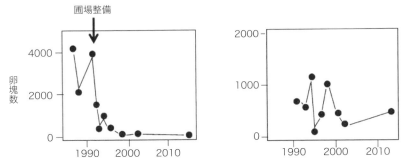

図 2.17 圃場整備事業により乾田化された水田（左）と，同地域にあり整備事業が行われなかった水田（右）でのニホンアカガエル卵塊数の年変動．
矢印は圃場整備が行われたタイミングを示す．
Kidera et al. 2018 を改変．

イプで効率よく流される（図2.18下）．この構造では魚類が水路と水田を行き来することはできない．

　水系の連続性の喪失は，水路と河川の間でも生じている．連続堤の建設により，洪水を氾濫させず高い水位で流下させられるようになったぶん，堤内地の排水が困難となって内水氾濫が発生しやすくなった．堤防の付近まで集められた排水路と河川との合流点には，河川からの逆流を防ぐ水門・樋門を設置することが基本となる．大雨が降り，河川の水位が高くなっている間は樋門が閉鎖され，水路によって集められた内水は，排水ポンプによって河川に強制的に排水される場合が多い．本来氾濫原は，洪水のときに河川からさまざまな魚類や水生昆虫が避難してくる場である．しかし現在の河川-農地システムでは，洪水時の生物の移動が困難になっている．

　乾田化，用排水路の整備，水田区画の大規模化を主要な内容とする圃場整備事業により，単位面積あたりの米の収量の大幅な向上と農家の労働時間の短縮化が実現した．しかしそれと同時に，農地がもっていた氾濫原の動植物の生息地としての機能は大幅に失われた．

　また圃場整備事業の進行とほぼ同時期に，除草剤や殺虫剤が急速に普及した．これらは複合的に作用し，以前の水田が有していた「氾濫原の代替地」としての機能を失った．メダカやゲンゴロウのようなかつての水田の普通種が絶滅危

図2.18 用水路と排水路を兼ねていた昔の水田（上）と，深い
排水路が整備され乾田化された現代の水田（下）.
上は19世紀末の日本の田植え風景. 着彩写真に，ニュ
ーラルネットワークによる自動色付けを施したもの(口
絵6参照).
カラー化：渡邉英徳（「記憶の解凍」プロジェクト／東
京大学）.

惧種になったことや，水田を主要な採餌場所として利用していたコウノトリや
トキが野生絶滅したことに対しても，この一連の水田環境の影響が大きい．

　水田環境の変化の影響は植物にも及んでいる．2.1節(4)で述べた1950年ご
ろまでの水田雑草をまとめた「笠原リスト」に掲載されている種のうち，オオ
アブノメ，ミズマツバ，ミズオオバコなど19種が，環境省のレッドリストに掲
載されている．これらの植物も，氾濫原の減少と水田環境の変化の結果，生育
場所を大きく失ったものと考えられる．

e. ダムの影響

流れる水を堰き止める構造物がダムである．狭山池（西暦 600 年代，大阪府）や満濃池（800 年代，香川県）のような灌漑用のダムがもっとも歴史が古く，次に現れるのは上水道用のダムである．江戸時代に各地でつくられたため池には，農業用水だけでなく上水利用を目的としたものがあった．

しかしこれらは，河川を堰き止めた構造物という意味ではダムと呼べるが，きわめて小規模なものだった．私たちが普通にイメージするような大型構造物としてのダムが作られ始めるのは明治期からである．北海道の千歳川には水力発電用のダムが複数建設されており，もっとも古いものは明治 43（1910）年に完成している．これは製糸工場で必要となる電力を得るためにつくられたものである．

ダムは日本の人口増加と同調するように建設されてきた．まさに日本の人口増加と経済成長を支えてきた存在である．しかし，ダムが河川環境に与える負の影響は大きい．ダムが生物に与える影響は，直接的影響と間接的影響に分けられる．直接的影響は，ダム建設工事やダム湖に水没することの影響である．オリヅルスミレは，昭和 57（1982）年に沖縄本島の辺野喜川中流域で，2 個体が採集された．その後，本種が新種とわかり分類学的な記載がなされたが，その時点では自生地はダムに水没してしまっていた．その後，探索が行われたが自生地は見つかっていない．現在は生き残った 1 株から増殖された株が栽培されているのみであり，野生絶滅種とされている．

また河川を回遊する魚類にとって，ダムによる移動の阻害は致命的な影響をもたらす．多くのサケ科魚類には，海まで回遊する降海型と，回遊しない残留型の 2 タイプの生活史型が知られているが，ダムが多い河川では基本的には残留型しか存続できない．

ダム建設による間接的な影響としては，土砂動態の改変を介した経路があげられる．ダムは水だけでなく上流からの流砂も堰き止める．そのため，ダムの下流側ではもともと供給されていた砂が到達しなくなり，河床が削られ，深い川へと変化する．砂や礫の供給が減り，流出しにくいサイズの礫がダムに溜まりにくい微小なシルトや粘土で固められるアーマー化と呼ばれる現象が生じることもある．河川の底質の砂礫のサイズ構成は，生物の生息環境を決める主要

な要因の 1 つであり，ダムによる土砂動態の改変は深刻な影響をもたらす．ほかにも水温や水質の改変など，ダムによる影響は大きい．

f. 陸と河川のつながりの変化

　生物の移動を通した河川と陸域のつながりに対しても，人間活動がさまざまな影響を与えている．渓流の河畔林が伐採されれば，森林から渓流への落下昆虫は激減することは明らかである．これは渓流魚にとって脅威になるのは間違いない．また第 1 章で述べたとおり，中・下流域の護岸は陸からのミミズの移動を遮断し，ウナギの成長を阻害することも示されている．では，河川から陸への水生昆虫の移動についてはどうだろうか．それに影響を与える人為活動としては，河川の物理的な形状改変，周辺の土地利用に起因する水質汚染，外来種の侵入の 3 つが重要視されている（Schulz et al. 2015）．水生昆虫の陸域への移動に関する研究自体が比較的新しいため，まだ十分な蓄積はないが，いくつかわかりやすい事例を紹介しよう．

　世界各地の事例を集めたメタ解析によれば，陸域のクモが利用する餌に占める水生昆虫の割合には，河川周辺や集水域スケールでの土地利用が関係している（Lafage et al. 2019）．河川周辺の農地面積や人口が増えると，河川から陸へ移動するユスリカが増え，造網性クモ類も増える傾向があるようだ（表 2.2）．河川が富栄養化することでユスリカが増え，それを主食とするアシナガグモ類やサラグモ類が増えるからだろう．だが，カワゲラやトビケラのような大型の水生昆虫では逆の傾向があり，周辺に森林が多い河川で多くなる．ユスリカ類とは異なり，清流を好む種が多いからである．また森林性の鳥は，カワゲラやトビケラ類に応答し，農地の少ない景観で数が多くなるようだ（表 2.2）．鳥類はクモ類よりも体が大きく，採食効率の観点から，大型のカワゲラやトビケラ類を好むからであろう．したがって，河川から陸域への生物の移動は総量としてとらえるだけでなく，個体の体サイズなどの質的側面からも評価することが重要である．

　これまでの研究では，都市部など陸域の土地利用が強度に改変された河川での研究が乏しい．土地改変の都市化の程度を横軸にとれば，羽化して陸へ移動する水生昆虫は，おそらく一山型の応答を示すだろう．いずれにしても，陸域の土地改変は，水域の水生昆虫に影響を及ぼし，それが水生昆虫の移動を介し

表 2.2 河川の水質と河川周辺の土地利用が水生昆虫と陸域のクモ類，鳥類の個体数に及ぼす効果．上向きの矢印は正の効果，下向きの矢印は負の効果，空欄は効果なし．陸域のクモ類や鳥類に対する要因は，餌と周辺の土地利用にのみ限定．また各要因の効果は独立ではなく，要因間で連関も含んだ効果（つまり間接効果も込み）であることに注意．Stenroth et al. (2015) と Lafage et al. (2019) をもとに作成．

要因	長角亜目 (ユスリカなど)	トビケラ, カワゲラ類	要因	サラグモ類	鳥類
周辺の農地面積	↗	↘	周辺の農地面積	↗	↘
河川の窒素量	↗		長角亜目(ユスリカなど)	↗	↘
魚類の量		↘	トビケラ, カワゲラ		↗
リターの量	↗				
リターの質	↗				

て陸域の生物にフィードバックされることは間違いない．その空間的広がりや時間応答のラグを評価することは，つながりへの脅威を定量化し，予測する上での今後の重要課題であろう．

　ところで，周辺の土地改変は目にみえる変化なので，ある程度予見できる．それに対し，河川への外来種の侵入が及ぼす影響は検出しにくい．外来種の生態系影響は，今や世界中でさまざまなものが知られているが，ある生態系に侵入した外来種が，生物間の相互作用と生態系間の移動を通して別の生態系に与える影響については，想像の域を出ないものが多い．

　河川の外来種の影響は魚類でよく知られており，外来種が在来種を駆逐する事例は事欠かない．だが水生昆虫を介在した陸域への影響はまだ数例しかないようだ．1.3 節 (1) で紹介した苫小牧演習林での研究では，河川に覆いをつけて落下昆虫を防ぐ実験に加え，ニジマスの小渓流への導入実験を行い，陸への間接影響を調べている (Baxter et al. 2004)．導入後，オショロコマの主要な餌だった陸からの落下昆虫がニジマスに奪われたため，河床に棲む水生昆虫に捕食がシフトし，結果として陸に移動する昆虫が減り，河畔林のアシナガグモが半減するという間接効果があった．「風が吹けば…」の諺のような連鎖反応である．こうした河川の外来種による陸域への影響は，それほど普遍的ではなく，影響が及ぶ範囲も限定的と思われるが，注視すべき事柄かもしれない．

コラム3　河川敷が最後の砦：草原性蝶類の衰亡

　昭和40年代の長野県伊那谷の台地や扇状地には，農地や荒れ地が広がっていた．そこには，草原性のシロチョウ類，シジミチョウ類，ヒョウモン類，セセリチョウ類がたくさんいて，どれからとるか迷うほどだった．だが今ではその面影すらない．宅地化による生息地の消失や圃場整備による生息地の改変も原因だろうが，当時段丘崖や山腹に広大にあったスギ・ヒノキの新植地や若い雑木林が暗い森へ遷移したことも大きく影響したと思っている．オーバーユースとアンダーユースの二重苦といえよう．環境省が指定した絶滅危惧種の蝶類の大半は草原性の種であり，同じようなことが全国各地で起きているのは間違いない．そうした中，絶滅危惧種の蝶類の最後の砦として注目されているのが河川敷（高水敷）に残された草地である．

図　河川敷の草地に生息する希少な蝶類（A～C）と鬼怒川沿いの生息地（D）.
（A）ミヤマシジミ，（B）ツマグロキチョウ，（C）ギンイチモンジセセリ.
（C）写真：宮下俊之.

　ミヤマシジミ（図, A）とツマグロキチョウ（図, B）はその代表格であろう（ともに絶滅危惧IB類）. 伊那谷をはじめ, 長野県の農地周辺の個体群は, 大部分の地域で絶滅してしまった. ところが, 低地の河川敷では, まだかなりの個体数がいる場所もある. 栃木県の鬼怒川の河川敷はその数少ない例である（図, D）. 人為管理でまばらな草地が維持されていることもあるが, 洪水による自然の攪乱が外来草本の蔓延を防ぎ, 樹林化を防いでいるためであろう. 幼虫の食草であるコマツナギやカワラケツメイ, 成虫の吸蜜資源となる草花も豊富である.

　ミヤマチャバネセセリやギンイチモンジセセリ（図, C）といった, やや希少性の低い種では, 多摩川や荒川の河川敷にも生息している. これらの種も上記2種同様, 河川敷のスペシャリストではなく, 昔は信州の草地で結構多くみられたが, 今はかなり珍しくなっている. やはり面積的にまとまって草地が残っている河川敷が良好な環境なのだろう. 若手の昆虫マニアは,「河川敷の蝶」と思っている節もあるほどだ.

　だが, ごく最近になって事情が変化してきている. ミヤマシジミの生息地として有名だった天竜川, 信濃川, 安部川などの河川敷では, ほとんど姿がみられなくなってきている. これは公式な報告ではなく, 著者（宮下）自身が踏査した経験である. 幼虫の食草のコマツナギはまだ十分に残っていて, 草原環境に大きな変化があるようには思えない. 原因が不明なだけに非常に気がかりである. これが自然のサイクルとしての一時的な現象（減少）であってほしいと願うばかりである.

コラム4　土砂動態の変化と外来種の分布拡大

　鬼怒川のように山地からの砂礫の供給が盛んな河川の扇状地には, 握りこぶしほどの礫から構成される河原が発達し, そこにはカワラノギクやカワラニガナなどの植物が生育する固有性の高い生態系が成立する. しかし2000年ごろから, 礫河原の生態系は大きく変化している. 河原固有の在来植物がまばらに生えていた河原が, シナダレスズメガヤやオニウシノケグサなどの外来イネ科植物が一面に優占する状態に変化しているのだ（図）.

　この直接的な要因は, 上流のダムや集水域の各地で, 緑化のためにこれら外来イネ科植物が積極的に導入され, その種子が河川水に運ばれてきたためである. 緑化に用いられる植物は, 乾燥に耐え, 攪乱にも強いものが選ばれているので, 多くの植物種にとっては厳しい環境である礫河原でも生育が可能なのである. 鬼

図　シナダレスズメガヤが侵入・繁茂した鬼怒川の河原.
かつては礫質の河原だったが, 外来種の草原に変化した.

怒川でもっとも顕著に繁茂しているシナダレスズメガヤは, ウィーピングラブグラスというちょっとロマンチックな名前で流通しており, 緑化材料に用いられている.

　しかし種子の供給源の存在だけでは, この植生変化は説明できない. たとえ上流から種子が供給されてきたとしても, それが河川を流れてより下流に, 最終的には海まで運び去られてしまえば, 河原を埋めつくすような現象は起きないだろう. 外来種の侵入は, 水を流れてきた種子が河原に漂着するというプロセスを経て実現する.

　著者（西廣）が共同研究をした中山直樹氏は, 洪水が起きたあとの鬼怒川の河原で, 河川のどのような場所に外来イネ科植物の種子が漂着しているのかを調べ, 一定のルールを見出した. 洪水後の河原には, 礫が堆積する場所からシルトや粘土のように細かい粒子が堆積する場所など, さまざまな場が形成される. このうちシナダレスズメガヤの種子は, 直径 0.2 mm 程度の細砂が堆積する場所に集中して見出された. また別途行った室内実験では, シナダレスズメガヤの種子は, 細砂と同程度の沈降速度（水の中を沈む速度）をもっていることが示された (Nakayama et al. 2007). これらの事実は, さまざまな粒径の土砂と一緒に流されてきた種子は, その種子と類似した沈降速度をもつ土砂と一緒に河原に漂着することを示唆している.

　近年, ダムの設置や河川の形状の影響により, 河川を流下する土砂の粒径組成が変化し, かつては礫が堆積していた扇状地に細砂やシルトなどの粒が堆積しやすくなっていることが指摘されている. このような土砂動態の変化は, 同時に, 外来イネ科植物が河原に侵入しやすい条件を作り出していたものといえる. 外来植物の抑制のためには, 駆除などの局所的な管理だけでなく, 河川の土砂動態な

どの物理的なプロセスを視野に入れた取り組みが重要であることを示す事例といえるだろう.

コラム5　現代の川の怪, カミツキガメ

　川や沼に住む怪といえば, 昔からカッパと相場は決まっている. 頭に皿をのせ, 体は鱗に覆われ, 嘴があり, 背には甲羅を背負っている. 人や牛馬に危害を及ぼす悪役としての面もあるが, 船頭や道行く人に相撲を挑む愛嬌もあったりする. そのルーツは水死体とも, ニホンカワウソともいわれている. ともに昔の日本では珍しくなかったのかもしれない. だが, 今は水死体をみることはまずないし, ニホンカワウソも残念ながら絶滅してしまった. そんな現代に　川の怪としての新たな地位を築いている生き物がいる. アメリカから来た外来種カミツキガメである（図）.

　英名で文字どおり snapping turtle と呼ばれているこの怪物は, 成体になると小学生ほどの体重になり, 生理寿命は50年を超える. 性成熟までは15年ほどかかるが, その後はほぼ毎年数十個の卵を産み続ける. 成長すればほぼ無敵で, 生態系のトップ捕食者として, 河川に君臨することになる. その姿はカッパの絵

図　カミツキガメの幼体.
　　まだ幼さが残っているが, 足の鱗のごつさに怪物の片鱗が感じられる.
　　写真：西本誠.

にも似ていて，現代の川の怪そのものである．

　原産国のアメリカでは食用やスポーツハンティングで乱獲され，保全対象種にもなっている．日本では1990年代からペットの逸出による野外での目撃や採集例が報告され始め，2000年以降は各地で急激に増えてきた．2002年には，当時著者（宮下）の学生だった小林頼太氏により，野外での産卵も確認された．日本でもっとも高密度で生息している千葉県印旛沼周辺の河川では，2016年以降，毎年1000頭以上が駆除されているが，それでも顕著な減少はみられない．流域全体で約7000頭いると推定されているが，実際はもっとたくさんいるそうである．河川だけでなく，水田や細い水路も利用しているので，全体像の把握は至難である．原産国のアメリカでは，アライグマやキツネなどが幼カメの有力な天敵で個体数を抑制しているようだが，侵入先の日本ではそうした哺乳類の天敵が少なく，爆発的な増加をもたらしているのであろう．カミツキガメの高密度化を支えているもう1つの理由は，豊富な餌にあるかもしれない．その有力候補はアメリカザリガニである．実際，駆除された個体の胃内容物からは，アメリカザリガニがもっとも高頻度で見つかっている．アメリカザリガニはカミツキガメ以上に繁殖力が強い生き物として有名で，関東の低地の河川や沼では高密度に生息している．外来種が外来種を支えるという図式は，今や決して珍しいものではない．カミツキガメを駆除すれば，アメリカザリガニが増えて，在来の水草が衰退するという皮肉な現象も杞憂ではないかもしれない．

2.4　湖沼の変化

(1)　湖沼の利用

　ここで湖沼の変化について触れておこう．湖沼，とくに平野の浅い湖沼は，水資源としてだけでなく，漁業，カモなどの狩猟，肥料用途で水草をとる藻刈りなどの場として利用されてきた．水草の利用は現代のように化学肥料が普及するまで，各地で盛んに行われた（平塚ほか 2006）．表2.3は明治40（1907）年における柴山潟（石川県）で水揚げされた水産物の記録である．湖からの一年の水揚げが重さと金額で示されたこの記録では，重量にして75%が水草であることが示されている．水草は金額でも第1位のフナに次ぐ第2位を占めており，そのあとに「ざつぎょ（雑魚）」とウナギが続いている．浅い湖をもつ地域にと

表 2.3 明治 40 年石川縣湖潟内湾水面利用調査報告書（石川縣水産試験場）に掲載された柴山潟の水産物の数量と金額.

水族名	数量（貫）	金額（円）
ほら	102	93
さけ	5	15
あゆ	25	50
うぐひ	300	210
こひ	390	435
ふな	2290	1547
うなぎ	630	840
やつめうなぎ	10	25
なまず	520	392
はぜ	40	40
どぢやう	110	82
わかさぎ	110	63
ざつぎよ	1740	846
すっぽん	40	240
えび	2460	790
しじみ	215	21
水草	21000	860
其他	50	250
合計	28087	6979

って，水草は商品価値をもつ重要な資源であったことがうかがえる．

　水草群落も陸上の植物群落と同様に，安定した状態が続くと，大型で耐陰性の高い水草が優占する状態に遷移する．全体の多様性を維持する上では適度な攪乱が重要である．肥料として利用するための水草の刈り取りは，適度な攪乱として水生植物の多様性の維持に貢献していたものと思われる．また霞ヶ浦の漁師の方への聞き取りによると，水草を利用していた時代の農家では，ササバモは「ささもく」，エビモは「えびもく」，コウガイモなどは「にらもく」，イバラモ類は「ばらもく」などと呼ばれ，肥料としての有用性の違いも認識されていた．藻刈りにおいても選択的に利用されていた可能性があり，人為の関与によって独特の水草群落が形成されていたことが想像できる．

　化学肥料が普及する 1960 年代に入ると，水草の利用も停止していった．同時に流域で使用された窒素を主体とする肥料や，生活様式の変化に伴って多量に排出されるようになったリンなどの栄養塩が，河川や水路を流下して湖に集ま

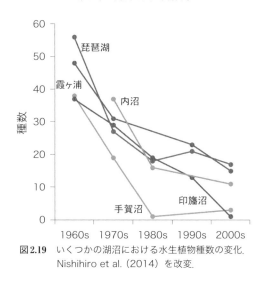

図2.19　いくつかの湖沼における水生植物種数の変化.
Nishihiro et al.（2014）を改変.

り，湖を富栄養化させた．水草の刈り取りが行われなくなり，流域からの栄養
の供給が増えれば，水草は繁茂する．繁茂しすぎた水草は船の航行を阻害する
などの不便をもたらす．そこで，中国大陸からの移入種であるソウギョを導入
し，水草を減らすことも各地で行われた．

　栄養塩濃度の増加は，初期は水草の生育を促すが，過剰になると栄養塩の利
用効率の高い植物プランクトンが優勢になり，水草は衰退する．1970年代後半
から，各地の湖沼で水の透明度が低下し，水草が消失し，アオコの発生も頻発
するようになった．アオコは藍藻類が大発生して水面を覆う現象であり，毒や
悪臭の成分もつくられるので，水道水源としても問題となる．水草の種数や群
落面積は次第に減少し，2000年ごろには多くの湖沼で沈水植物（茎も葉も水中
に展開する水生植物）は失われていった（図2.19）．

(2)　干拓と水際の改変
　浅い湖沼は古くから農地開発の対象にされてきた．かつて京都に存在した巨
椋池は，「池」とはいえ周囲約16kmの立派な湖沼であった．宇治川と桂川の合
流部の遊水池的な湖沼であったが，豊臣秀吉による築堤，明治時代の河川改修
により徐々に河川から切り離され，独立した湖沼になった（2.2節(2)参照）．巨

椋池は鴨猟や漁業などでにぎわい，また湖岸に生育するヨシは京都御所の屋根や宇治茶をつくるための日除けの簾に用いられていた．蓮見などの名所としても知られていた．水草でも，オグラコウホネ，オグラノフサモなど，巨椋池の名を冠するものが多い．しかし巨椋池は現代の地図には存在しない．昭和8～16（1933～1941）年に干拓され，農地となった．

このほかにも，秋田県の八郎潟の干拓（1957～1977年），新潟県の鎧潟の干拓（1959～1968年）など，全国各地で浅い湖沼を干拓し，水田に作り替える事業が進行した．また干拓されなかった湖沼でも，水際の護岸などにより陸と水の境界部の環境が大きく改変されている．陸域と水域をつなぐいわゆる「移行帯」は，環境の変化に対応して，多様な動植物が生息場所や繁殖場所として利用する湖沼生態系の要となる部分である．コンクリートや鋼板の護岸が設置されたことで，移行帯の基盤が失われ，陸の生態系と水中の生態系に二分されることになった．これは上で述べた河川における高水敷化と似た状況である．

(3) 湖の水位の改変

水草利用の停止，水質悪化，外来種の導入，湖岸の形状の改変といった要因は近代化に伴う湖沼環境の変化の代表的なものであり，各地の湖沼で生態系の変化をもたらした．これらの要因と比べるとわかりにくいが，湖沼の生態系に大きな影響をもたらした環境変化として水位の改変があげられる．

日本の湖沼の多くは降雨の季節性に応じて，水位も季節的に変動する．冬季に雨が少なく，夏季に雨が多い太平洋側の湖沼では，冬から早春にかけてもっとも水位が低下するという季節的な水位変動が生じる．湖に生息する動植物の多くはこの自然な水位変動に適応した生活史をもっている．水位が低下した早春に発芽する水生植物（Nishihiro et al. 2004），春に水位が上昇してきたタイミングで抽水植物群落に乗り込んで産卵するコイ科魚類などはその典型例であろう．

しかし多くの湖沼で，このような水位変動は人為によって改変されてきた．霞ヶ浦を例にみてみよう．図2.20に霞ヶ浦の水位を時代に分けて示す．図中もっとも古い時代（～1950年）はとくに大規模な人為が加わっていない時代である．霞ヶ浦は降水量の季節変化に対応し，冬から早春にかけて水位が低下し，夏から秋にかけて高くなる変化をしていた（図2.20①）．この時代は水害が頻発

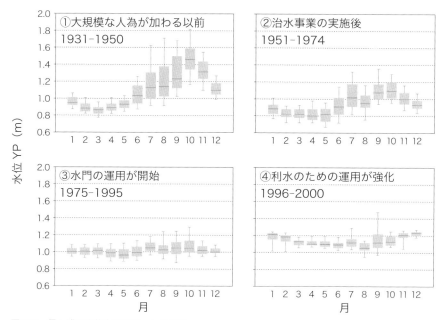

図 2.20 霞ヶ浦の水位変動パターンの変化.
各期間内の月ごとの日水位置について, ボックスは 25~75%, 縦線は 10~90%のデータ範囲, ボックス内の横線は中央値を示す.
西廣 (2011) を改変.

した時代でもあった. そこで, 1950 年ごろに霞ヶ浦と海をつなぐ河川の拡幅・浚渫工事が行われ, 排水能力が向上し, その結果として秋の水位がそれほど高くならなくなった (図 2.20 ②). 次の改変は 1970 年代半ばに生じている. これは霞ヶ浦の河口に水門が設けられた時期である. 水門を閉鎖することにより, もともとは水位が低かった時期にも湖に水を溜めることができるようになった (図 2.20 ③). さらに 1990 年代に入ると, 湖岸の堤防が全周にわたって完成したため, それまで以上に水位を高く維持する管理が開始されている (図 2.20 ④). これは茨城県, 千葉県, 東京都などの水道や農業用水, 工業用水のための水資源確保を目的とした管理である.

このように, 自然に存在していた水位の季節変動のうち, 夏から秋の水位上昇は治水を目的とした管理のため, 冬から春の水位低下は利水を目的とした管理のために生じなくなり, 水位の季節変動が失われた. 水位変動の喪失は, 湖

岸の植物の種子からの更新を阻害するほか (西廣 2011), 地形の浸食を加速するなど (西廣 2012), 湖沼の生態系に大きな影響をもたらしていることが指摘されている.

2.5 近代化の恩恵

ここまで述べてきたように, 戦後の高度経済成長期は, 河川の直線化, 複断面化とコンクリート護岸化, 干拓, 乾田化に代表される水田環境の変化により, 氾濫原的環境が大きく失われた時代といえるだろう. 元来, 河川の氾濫原に暮らしていた植物, 水生昆虫, 魚類などの野生生物は, 稲作の開始, 水害防備の発達, 新田開発といった人間の営みが進行しても, 暮らし場所を河川から水田へと移行させながら存続してきた. そのような生物にとって, 戦後70年間の河川と水田の変化は, いわば弥生時代以来の不連続な変化といえるかもしれない.

野生生物の消失は, そこから得られる恵みを失ったことにほかならない. しかし, 社会全体でみれば, 近代化によってさまざまな恩恵があったことは決して忘れてはいけない. 図 2.21 は日本全国の水害による被災者数の変化である. 1959年の伊勢湾台風による5000人を超える死者・行方不明者を記録して以降, 着実に減少している (坪井 2017).

図 2.22 は日本全国の圃場整備事業の進行と, 10 a の農地での稲作に要する平均時間の推移を示している. 1963年には146.3 時間/10 a かかっていたところが, 50年後の2013年には25.6 時間/10 a と5.7倍の効率になっている. 河川と水田の近代化は, 間違いなく, 安全で豊かな社会の構築に貢献し, 経済成長と人口増加を支えてきた.

河川・水田環境の近代化の恩恵には, 病気の克服という側面もある. 2.4節(2)で記した巨椋池の干拓は, マラリアの克服も大きな目的の1つであった.

日本住血吸虫症との戦いは, もっとも顕著な例であろう. この病気は日本住血吸虫という, ヒトを含む哺乳類の血管内部に寄生する生物がもたらす人獣共通感染症である. 吸虫は, ヒルやプラナリアと同じ扁形動物門というグループに含まれる. 水中にいる幼虫が哺乳類の皮膚から体内に入り, 寄生された哺乳

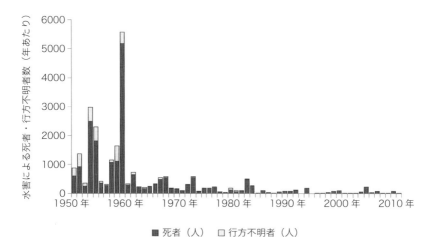

図2.21　洪水災害による死者・行方不明者数の推移.
坪井（2017）を改変.

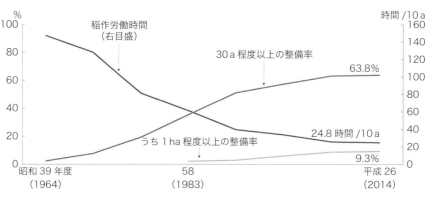

図2.22　水田の圃場整備率（左軸）と10 a あたりの稲作労働時間（右軸）.
農林水産省（2016）より引用.

類は，最初は皮膚炎を発症する．体内に入った吸虫は肝臓付近の血管に定着し，そこで多量の卵を産む．人に感染した場合には高熱や消化器疾患の症状を呈するようになり，やがて肝硬変による黄疸や腹水を発症し，また肝臓がんが進行する場合も多く，多くの場合は死に至る．虫の卵が血流で全身に運ばれる過程で，脳疾患を引き起こす場合もある．症状が重篤で死亡率も高い，恐ろしい病気である（小林 1998）.

　日本住血吸虫症は特定の地域で高頻度，高密度に発生していた．主な発生個所は，①山梨県甲府盆地，②利根川下流部や中川・荒川流域（千葉県・茨城県・埼玉県・東京都）の低湿地帯，③千葉県の小櫃川下流域，④静岡県富士川下流域の一部，⑤広島県・岡山県の芦田川流域の一部，⑥福岡県・佐賀県の低湿地帯であった（岡部 1961）．このように，河川下流部や盆地の，排水の悪い低湿地帯で発生する病気であった．この病気の原因が吸虫であることや経皮感染することが確認されたのは 1910 年ごろであったが，それ以前から，河川や水田に入ると感染するという認識があったという（堀見 1981）．しかし農民が水田に入らずに暮らすことはできず，その地域で暮らす宿命のようにとらえられていたようだ．

　感染症の対策，そして撲滅が進んだのは 1913 年に日本住血吸虫の中間宿主が発見されてからである．哺乳類の体内に寄生した吸虫の卵は，排泄物とともに水中に放出される．そこから孵化した幼虫はミラシジウム幼生と呼ばれ，まず中間宿主の体内に入り，そこでセルカリア幼生という状態になり，再び水中に泳ぎ出し，やがて最終宿主である哺乳類に皮膚から感染するという生活史をもつ（図 2.23）．日本住血吸虫の中間宿主は，ミヤイリガイという殻の長さが 8 mm ほどの小さな巻貝であった．日本住血吸虫症の発生地域は，このミヤイリガイの生息域とほぼ一致していた．

　最終宿主は多様な哺乳類が該当するため，その排泄物を野外からなくすことは難しい．ネズミの糞を野外から一掃することは不可能だろう．中間宿主であるミヤイリガイを駆除するほうがはるかに効率的である．中間宿主としての役割が確認されて以来，ミヤイリガイの駆除活動が進められた．住民を動員した採取，水路への生石灰や殺貝剤の散布，アヒルによる捕食，火炎放射器の使用など，さまざまな手法がとられたという（林 2000）．しかし，もっとも効果的であったのが，農業用水路のコンクリート化であった．コンクリート化により植生がなくなり，流速が大きくなった水路はミヤイリガイの生息に適さず，また仮に生息していても発見・駆除しやすくなったことで効率化につながったそうだ（小林 1998）．水路のコンクリート化は 1940 年代から進行し，次第に成果をあげていった．そして 1970 年代には多くの地域で，ミヤイリガイは地域絶滅，あるいはまれに見つかっても日本住血吸虫に感染していないことが確認され，

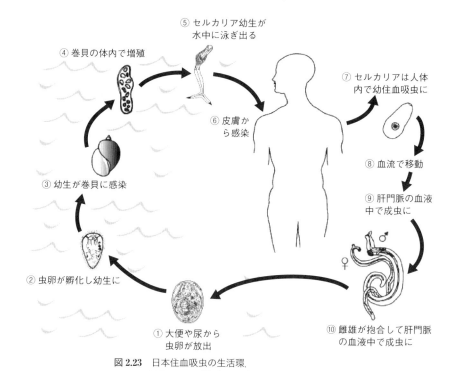

④ 巻貝の体内で増殖

⑤ セルカリア幼生が
　水中に泳ぎ出る

⑦ セルカリアは人体
　内で幼住血吸虫に

③ 幼生が巻貝に感染

⑥ 皮膚か
　ら感染

⑧ 血流で移動

⑨ 肝門脈の血液
　中で成虫に

② 虫卵が孵化し幼生に

① 大便や尿から
　虫卵が放出

⑩ 雌雄が抱合して肝門脈
　の血液中で成虫に

図 2.23　日本住血吸虫の生活環.
Wikipedia「住血吸虫症」の図をもとに作成.

1996 年には，この病気の被害がもっとも深刻だった山梨県において，知事によ
る終息宣言が発表された.

　なお現在でもミヤイリガイは日本国内に生息しているが，日本住血吸虫の幼
生の感染は確認されていない．ミヤイリガイは駆除の結果，現在ではごく限ら
れた場所で低密度でしか残っておらず，レッドリストでは絶滅危惧 IA 類に選
定されている.

　水路や河川のコンクリート化は，生物多様性を大きく損なう．一方で，地域
によっては多くの人間の命を救うことにつながったことを忘れてはならない．
次章では河川の自然環境を回復させる取り組みを紹介する．環境回復あるいは
自然再生は「すべてを昔に戻す」行為ではない．水害の抑制，水の利用と食料
の生産，病気の抑制など，過去から重視してきた観点に，自然環境の保全とい
う観点を新たに追加し，新たなバランスを考えていく行為である.

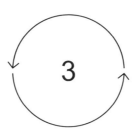

3

課題解決への取り組み

3.1　河川のマネジメントの転換

(1)　「多自然」への転換

　日本を含む多くの国では，河川の空間を限定し，そこから水があふれないように高い堤防やダムなどの構造物で防御するという方針で河川を改変してきた．その結果として，水害のリスクを一定以下に抑えつつ，平野を住宅地や工業用地あるいは農地として高度に利用できるようになった．戦後の治水事業は，山地が多く平野が限られる日本において，経済成長の基盤をつくったことは間違いない．

　一方で，河川を回遊する魚類や氾濫原の生物の生息・生育環境が失われた．河川や湖沼での漁業が衰退するとともに，人が河川の風景を楽しんだり，水辺で遊んだりする場も大きく損なわれた．全国の河川が怒涛の勢いで改修されていく中，河川の自然の重要性を訴える声もあったが，経済成長を最優先する社会的風潮や，人口が増加し続ける時代背景の中では，大きな動きにはなりにくかった．

　しかし1990年ごろから，河川をめぐる状況は変化し始めた．「多自然型川づくり」の潮流である．河川の空間をなるべく広く確保し，河岸をなるべくコンクリートなどで固めずに，地域の石や植生を活用して堤防を守る工法，川幅を

広くとり河川が自由に動ける空間を確保する河川設計，いったん直線化した河川を再び蛇行河川に戻す自然再生事業など，自然を考えた河川管理は，近自然河川工法（ドイツ語で Naturnaher Wasserbau）と呼ばれ，スイスやフランスなどヨーロッパ各国で進んでいた．そのような河川工法が 1980 年代から徐々に日本でも紹介されるようになり，多自然型川づくりと呼ばれるようになった．

　日本での先駆け的な事業に，神奈川県横浜市を流れるいたち川において 1982 年から進められた改修工事がある．いたち川は住宅地・都市域を流れる流域面積 3.88 km^2 の小規模な河川である．過去の河川改修により，河床が平坦になるとともに平常時の水深が浅くなり，水辺の植生は失われていた．

　いたち川の多自然型川づくりでは，平坦だった河床の一部を掘り下げて澪筋（水の通り道）をつくり，水際はコンクリートで固めず，石を配置する程度として植生が繁茂しやすくした．施工初期にはヤシ繊維を用いたマットなどにより植生の定着を促進させた．現在ではマコモやヨシなどの植生が安定し，それ自体が土安定しながら地形を守る形になっている（図 3.1，口絵 7 参照）．また水辺の散策を楽しめるリバーウォークも整備されている．住宅地の中を流れる河川であるため川幅は限られているものの，景観や親水性に最大限配慮された河川である．バブル景気直前の経済成長が最優先されていた当時の日本において，画期的な川づくり事業であったといえる．

　このような取り組みは，1990 年に建設省から出された「多自然型川づくりの推進について」という通達を追い風に，徐々に増加してきた．この通達では，「河川が本来有している生物の良好な生息・生育に配慮し，あわせて美しい自然景観を保全あるいは創出する」河川の流路や護岸の設計（川づくり）が，河川の工事において推奨されている．

　一部の小規模な河川における先駆的な取り組みが始まるのとほぼ同時期に，大河川では，環境問題の重要性を訴える市民の声が次第に大きくなってきた．とくに話題になったのは長良川河口堰の工事である．長良川の河口の巨大な横断構造物となる河口堰については，1968 年に建設基本計画が決定されたころから反対運動は存在したものの，それほど大きな流れには至らなかった．しかし 1988 年に本体工事が着工され，漁協，自然保護団体による反対運動，カヌー愛好家などさまざまな主体による声明やデモなどが盛んになり，これらの運動の

図 3.1 いたち川の多自然型川づくり（口絵 7 参照）.
上は整備前，下は整備後.
提供：吉村伸一.

様子は連日大きく報道された．河川管理者（当時の建設省）側も，過去に立て
られた計画をいったん白紙に戻し，治水，利水，漁業，環境などさまざまな観
点から，本当に河口堰が必要なのか，堰の構造でどこまで両立ができるのかと

いった議論を徹底的に行ったという (関 1994). 最終的に河口堰は建設されたものの, このような議論を経て, 市民・行政の双方で, 河川を複数の視点からとらえる必要性への認識が深まっていったものと考えられる.

このような議論を背景に, 1997 年に河川法が改正された. この改正により, それまでの治水と利水に加え,「河川環境の整備と保全」が河川管理の目的に加えられた. 法律に書かれたことを実施するのが行政の仕事である. 河川を管理する国や地方の行政が, 本業として環境のための事業を実施できる根拠が整ったことの意味は大きい. このように日本の河川管理行政は,「環境の保全」を内部化していった.

多自然型川づくりを推奨する通達や河川法の改正を背景に, 河川改修における環境配慮はだいぶ進んだ. 2002 年には, 河川工事総数約 5500 か所のうち, 約 7 割が多自然型川づくりに該当するものとなった. しかし, 多自然型川づくりが謳われた事業でも, 野生生物の生息・生育環境の保全や親水性の確保といった点で, 十分ではない事例も多かった. 単にコンクリートを籠マット (礫を金網に詰め込んだ部材) に置き換えただけの工法や, コンクリートの壁に石を埋め込んだ工法も,「多自然型」として採用されるケースも多かった. 画一的な工法で, 地域に応じた河川の個性は依然として失われ続けるという側面もあった. また, 施工してからその効果が検証されていない例も多かった.

これらの反省から, 国土交通省は 2006 年にそれまでの多自然型川づくりの成果や問題点を総括するとともに,「多自然川づくり基本指針」を制定した (国土交通省 2006).「多自然型」の「型」がとれたのは, 多自然＝環境配慮を, 事業の選択肢の 1 つではなく, 河川管理の基本的な発想とするという意図が込められているようだ.

また, 国土交通省は, 中小河川についても, 治水上の合理性を保ちつつ, 多自然川づくりへの全面的な展開を促進していくため,「中小河川に関する河道計画の技術基準について」をまとめ, 川づくりにあたっての基本的な考え方や技術を示している (国土交通省 2008). 環境省も 2007 年に『「環境用水の導入」事例集〜魅力ある身近な水環境づくりにむけて〜』と題した事例集をまとめ, 国土交通省が管轄していない小規模な水路を対象に, 内容としては多自然川づくりに相当するような取り組みを紹介している (環境省 2007).

このように動植物の生息・生育環境の保全，景観や親水性の確保といった「環境」の視点は，今世紀に入り，河川管理においても次第に普通のものになってきた．

(2)　河川にもっと空間を

「多自然」というキーワードは全国の河川管理者の間で急速に浸透したものの，現場では治水と環境の間のコンフリクトは依然として存在した．とくに河道の形状の検討ではそのコンフリクトが明瞭になる．環境のためには流路は蛇行し，河岸には植生が成立するような河川が望ましい．しかし治水のためにはなるべく抵抗が少ない直線的な河川にして，早く洪水を流下させるほうが有利と考えられてきたからだ．

しかし治水と環境のコンフリクトは，原理的に不可避なものではない．両者は，限られた川幅の範囲で洪水を流さなければならないという土地利用上の制約があるために対立する．限られた川幅の中で洪水を流下させるための断面積を確保するためには，水際や護岸はおのずと垂直に近くならざるを得ず，環境との両立が難しくなるのである．もし，河川に十分な空間があれば，洪水を安全に流下させつつ，そこに多様な生物の生息場所や親水空間を入れ込むことができる．

「川にもっと広い空間を」．この考え方はヨーロッパでは“Room for the River”と表現され，現代的な河川計画の重要な視点になっている．この表現自体はオランダで 2006〜2015 年に進められた国家プロジェクトで用いられた名称である（原語では Ruimte voor de Rivier）．このプロジェクトでは，国内の 39 か所で，堤防の位置を内陸に移動させる引堤や，高水敷の地盤の切り下げなどにより，治水と湿地再生を両立させる事業が展開された（図 3.2）．これらの事業は，洪水対策と環境保全を兼ねた取り組みとして位置づけられている．

同様の考え方による河川改修はヨーロッパ諸国で多数行われている．デンマークのスキャーン川では，治水と環境保全を両立させる大規模な河川改修が，1999 年から実施されている（Pedersen et al. 2007）．スキャーン川は流路約 150 km，流域面積 2450 km^2 のデンマーク最大の河川であり，広い低地帯を流れてフィヨルドの海に注いでいる．1960 年代には低地の氾濫原を近代的な農地

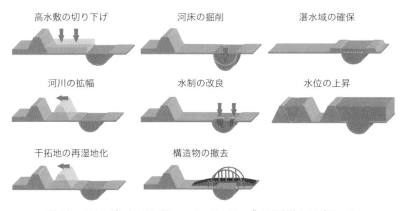

図 3.2　オランダにおける "Room for the River" の代表的なアプローチ.
Busscher et al.（2019）を改変.

にするため，氾濫原湿地に排水路を張り巡らせるとともに，河川を直線化する
大規模な工事が行われた．下流域では直線化によりもともと 26 km あった流路
が 19 km に短縮化されるという大幅な改変が起きた．しかし，この農地開発は
新たな問題を引き起こした．フィヨルドに農地由来の栄養塩が大量に流出し，
水質悪化の問題が顕在化し，漁業への悪影響が指摘されるようになったのであ
る．また開発した農地も，排水工事を行ったとはいえ，地盤沈下が止まらない
こともあり，優良とはいえなかった．

　そこでデンマーク政府は，1987 年にスキャーン川の自然再生を国会で決議
し，2200 ha の農地を氾濫原湿地に戻し，直線化した河川を再び蛇行河川に戻す
という大規模な工事を進めた．スキャーン川の再生事業の総事業費は 3800 万ユー
ロ（日本円で約 50 億円）である．

　いくら大きな予算が用意されても，農業が営まれていた場所を再び河川に戻
す困難さは容易に想像がつく．事業では，台地上への農地の移転に対する税制
面での優遇制度や，氾濫原内では牧草の刈り取りといった氾濫原の自然環境の
保全と両立できる利用に限って承認する制度を設けるなど，さまざまな調整が
行われた．15 年間の事業期間のうち，12 年は調査・研究と用地取得のための交
渉と移転事業に費やされ，河川での土木工事自体は，最後の 3 年間で行われた
そうだ．

図 3.3　再蛇行化されたスキャーン川.

　著者（西廣）が，この事業の初期からプロジェクトをけん引してきたデンマーク環境省のソレン・イエッセン氏の案内でこの事業地を見学したのは，工事が終わって 14 年が経過した 2016 年のことである．大きく蛇行する河川の周辺に牛が放牧されまばらな河畔林がある，おおらかな風景が広がり，湿地に降りてみると，かつての農地排水路は氾濫原の水路網のようになっていて，覗くとさまざまな沈水植物が生育していた．よい意味で「何もしていない」ような光景であった（図 3.3）．自然再生の工事をしたことに気づかないほど「自然」な姿をしているというのは，理想的といえるかもしれない．イエッセン氏はスキャーン川にほど近い場所に，茅葺屋根の上品な自宅を建て，現場を見守る暮らしを送っている．河川の蛇行は 1800 年代の地形を再現して設計し，工事完了後は河川の自然な変化にまかせているそうだ．移転した農家が多い地域では，移転当初は戸惑いや批判の声もあったという．しかし現在では，農地は移転以前に悩まされた水害からも解放され，さらに以前にはなかった観光客も増え，自然再生事業は地域全体から好意的に受け入れられているというお話であった．防災と環境保全の両面を重視した事業により，地域の価値が向上した事例といえるのではないだろうか．

　日本でも，北海道の釧路川や標津川で河川の再蛇行化による自然再生事業が行われた例は存在する（中村 2011）．しかし，河川が自由に動ける空間を増やすという事業はまだ普及していない．理由の 1 つは，地形学的な特徴による日本

の水害リスクの高さにある（関 1994）．日本は山岳が多く，平野は10%程度に過ぎない．しかしその10%に全人口の半数以上が居住している．日本の平野はほとんどが沖積平野であり，その大部分が氾濫原である．とくに大都市は縄文期以降の海退で陸地化した低地に位置している．山岳地帯から短距離で流出してきたエネルギーの大きい河川が自由に動く低く平らな空間に，生命や財産を集中させているのだ．氾濫原に堤防を築いて河川を治めてきたので，河川が居住地と同じかあるいは高いところを流れる．当然，ひとたび堤防が切れると広範囲が大きな被害を受ける．しかも日本は台風の通り道にあたり，集中的な豪雨が頻繁に生じる．

　欧米においても大都市はたいてい平野に発達しているが，その多くは海底が隆起してできた台地的な平野である．そこを流れる河川は，平野面を削りながら，平野のもっとも低いところを流れる．そのため仮に堤防を越えるような大雨が降っても，沖積平野ほどは広範囲・深刻な被害は生じにくいのである．このため川づくりの計画においても自由度が高い．

　防災面では不利な日本においても，欧米ほどの規模は無理だとしても河川にもっと空間を取り戻すことはできるはずだ．危険性がとくに高い場所や，自然を守る上で要所になる場所などで河川の空間を広くとることができれば，安全性と環境の両面で河川の価値を高めることができるのではないだろうか．

　しかし，そこで別の問題も生じる．とくに限られた平野に高い密度で人が暮らしている日本では，土地の値段が高く，河川の空間の確保が困難であることがあげられる．「土地の売買の難しさ」の問題は河川管理に限ったことではない．自然保護の活動について海外の NGO の方と話をすると，日本の多数の事例で土地を購入せずに保全活動を進めている（進めなければならない状況に置かれている）ことに驚かれることが多い．アメリカやヨーロッパでは，大手のNGO が寄付金を活用して，野生生物の保全上重要かつ宅地や農地に適さない土地を購入し，その上で保全のスキームを確立しているケースが多い．購入後はNGO が管理を継続する場合もあるし，行政に譲渡し，いわば社会に組み込む形で保全を定着させている場合も多い．そのような例として，アメリカの河川での事例をみてみよう．

(3) ヨロー・バイパス自然保護区

カリフォルニア州にあるヨロー・バイパスは，サクラメント川の氾濫原湿地である．シエラ・ネバダ山脈と海沿いの山脈の間の盆地的な地形であり，渡り鳥の移動経路としても重要な場所である．1910年代に治水のための放水路（バイパス）の開削が行われ，排水路の整備によって広い農地が確保された．しかし水害は頻発し，優良な農地とはいえなかった．さらにこの地域はゴールドラッシュ時代の水源汚染のため，水質保全法（Clean Water Act）に対応した対策も求められていた．この場所で，全米でも第2位の規模になる湿地再生事業が進められている．

この活動を進めているのは，ヨロー流域基金（Yolo Basin Foundation; YBF）というNGOである．YBFは1990年に活動を開始したNGOで，活動の舞台は，下流のサクラメントの市街などを水害から守る遊水地だ．遊水地といっても面積が24000ha（山手線内側の3.5倍以上）もあり，その中に優良農地もあるし，頻繁に水害を受ける耕作不適地もある．YBFの初期の活動の中心は，農地を買い上げて湿地に戻す活動であった．優良農地では生産を重視した農業を続けてもらい，生産性の低い農地は購入し湿地に戻していく．農地に隣接する湿地は，農地から河川に排出される水から農薬や栄養塩を除去することにも役立つ．土地の購入は，活動初期には保険会社が所有していた非農地から着手し，徐々に通常の農地にも拡張していった．不良農地を手放して保護区を拡大することは，win-winの関係を生み出しやすい．

保護区の設定は農家の減収を招くが，それを補償する制度さえあれば不可能な交渉ではない．YBFは，政治家に理解を求めるロビー活動で，土地を手放す農家に対する補償や，治水と環境保全に役立つ農法への補助金などを整えていった．YBFの創設者であるロビン・クラコウ氏によれば，交渉のカギは，「治水が第一，野生生物は第二」という方針を明確に示すことだったという．

とはいえ，土地の売買はアメリカにおいてもデリケートな問題である．売却したほうが経済的にも見合うことがわかっている農地でも，苦労して耕作してきた場所を手放すのは抵抗がある場合が多い．実際に交渉にあたってきたクラコウ氏によると，まず若い世代に理解者を増やし，親世代からの相続のタイミングで購入するケースが多かったそうだ．

図3.4　ヨロー・バイパス自然保護区.

　現在では約7000 haの土地が購入されている．土地購入の資金はNGOが集め
た寄付金と，一部は州政府の予算である．そして購入した土地は，基本的には
州政府に譲渡し，NGOとの協力のもとで管理されている．

　購入した土地を中心に，約6500 haの自然保護区が設定されており，保護区
では4人の常駐スタッフ，繁忙期には7人のスタッフが管理にあたっている．
広大な湿地は，放置するとガマ類などが繁茂し，急速に植生の遷移が進む．開
放水面がなくなると多くの水鳥が利用できなくなるため，植物の刈り取りなど
の管理が必要になるのだ（図3.4）．

　管理スタッフの雇用費は，湿地がもたらす生態系サービスから自律的にまか
なわれている．まず自然保護区内でも稲作の水田のために土地を貸し出してい
る．自然保護区内の水田は，鳥は音で追い払ってもよいが狩猟は禁止され，一
年を通して湛水する管理が求められるなど，通常の水田より厳しいルールが課
せられている．しかし，通常の水田の貸出料が1エーカー・1年あたり250ド
ルであるのに対し自然保護区内は150ドルと安いので，借り手はつくという．
ルールを守った耕作をしてくれれば，水田は鳥の生息場所としても高い機能を
発揮するそうだ．

　比高が高く冠水頻度が低い場所は，牧草地や放牧地としても貸し出している．
こちらでも牧場内の地形改変の禁止や，放牧密度の上限などのルールがある．
土地が平坦になってしまうと，草地内に水たまりができにくくなり，カリフォ

ルニアトラフサンショウウオなど湿った草地を好む希少な動物が生息できなくなるためだ．重機は使わず，牛の踏み跡くらいの凹凸がある地形がサンショウウオの生息に適しているという．適正な密度による放牧は，植生の遷移の抑制を通して希少植物の生育にもプラスに働くと評価されている．

保護区の管理費用を支える財源としては，これら農地としての貸出料に加え，ハンターのライセンス料・入場料も活用されている．自然保護区がある湿地であるにもかかわらず，場所を限定してハンティングも許可されているのだ．もちろん，野生動物への影響はモニタリングされ，捕獲数の上限が種ごとに設定され，野鳥の個体群の衰退をもたらさないように配慮されているという．

ヨロー・バイパスは，野生動物の保護に必要な土地の確保はほぼ完了し，また自然管理の費用を確保する仕組みも確立されている．治水と農業と生物多様性保全が同時実現している例といえるだろう．現在 YBF は環境教育プログラムの開発と推進に注力している．この地域の自然の特徴と価値への認識を，世代を超えて引き継いでいくためだ．

3.2　気候変動時代の河川管理

(1)　世界各地での水害の多発

新型コロナウイルス発生で揺れた 2020 年，中国・武漢市は記録的な大雨による水害にも見舞われた．2020 年 6 月から 7 月にかけ，長江流域では 1961 年以来最大の大雨が降り，433 の河川で警戒水位以上に達し，一部の支川では長江本川への流入量を減らすために，堤防を爆破する措置もとられた．中国政府の発表によると，この大雨により 5480 万人が被災，158 名が死亡・行方不明，約 2 兆 2000 億円の経済損失がもたらされたという．

同じ年の 5 月，アメリカでも記録的な豪雨が発生していた．ミシガン州の複数の河川が増水し，その影響で 2 つのダムが決壊した．この水害では 2500 棟以上の建物が損壊し，1.75 億ドルの損失が生じたという．

このほかにも，過去の記録を塗り替える豪雨が，ヨーロッパ（2018 年のイタリア・ベネチアなど），東南アジア（2019 年のインドネシア・ジャカルタなど），

アフリカ（2019 年のモザンビークなど）と，世界各地で生じている．これらの豪雨の増加の背景には，地球温暖化の影響があるといわれている．IPCC（気候変動に関する政府間パネル）のレポートによると，最近までは 100 年に 1 回の頻度で発生していた規模の台風，サイクロン，ハリケーンなどの熱帯性低気圧が，2050 年までには平均年 1 回のペースで地球のどこかで発生することが予測されている．

(2)　日本での水害の多発

　風水害は日本でも頻発している．2019 年，台風 15 号は中心気圧 960 hPa，最大風速 45 m/s という例外的な強さのまま三浦半島に接近し，9 月 9 日に千葉県に上陸した．過去に関東に上陸した台風と比較しても最大規模である．被害で顕著だったのは，風による家屋の損壊と倒木であった．屋根が吹き飛ぶといった家屋の損壊は，千葉県だけでも 6 万戸以上で発生した．また強風は植林地や森林の木をなぎ倒しただけでなく，大量の電柱の損壊をもたらし，首都圏で大規模な停電が生じた．とくに千葉県では，ほぼすべての自治体にわたり約 64 万戸で停電が生じた．しかも停電は 2 週間以上という長期間に及んだ．

　台風 15 号がもたらした混乱と驚きが残る中，ほぼ 1 か月後の 10 月 12 日，台風 19 号が上陸した．この台風は発生からわずか 39 時間で中心気圧 915 hPa という猛烈な勢力に発達し，その勢力を保ったまま中心気圧 955 hPa，最大風速 40 m/s という台風 15 号を超える強さのまま伊豆半島に上陸した．発生後に短期間で勢力を増し，北上しても勢力が弱まらなかったのは，海域の水温が平年よりも 1～2℃ 高く，水蒸気が多く発生していたことが影響している．この台風は，関東地方をはじめ各地に記録的な大雨をもたらした．神奈川県箱根町では 1 日の降水量が 922.5 mm と全国歴代 1 位を記録した．北日本と東日本のアメダスで観測された降水量は，比較可能な 1982 年以降，最多となった．各地で水害や土砂災害が発生し，死者 86 名，けが人は 500 名以上，家屋被害は 9 万 6000 棟に上った．

　日本におけるこのような大雨は，今後ますます増えることが予測されている．環境省が 5 年ごとに発行している，気候変動影響の現状と予測をまとめた報告書「気候変動影響評価報告書」によると，日降水量 200 mm 以上の日数や時間

降水量 50 mm 以上の雨の発生頻度は明確に増加しつつあり，さらに今世紀末ごろには 100 mm を超える豪雨の日数は約 1.2〜1.4 倍，200 mm を超える日数は約 1.5〜2.3 倍に増加することが予測されている（環境省 2020）．堤防やダムなどの河川工事も進められているが，気候変動の進行には追いつかず，氾濫で浸水する面積は増加することが予測されている．

(3) 気候変動への適応

　進行する気候変動に対して，人間がとれる対応策は大きく 2 通りある．1 つは，気候変動の原因となっている温室効果ガスの排出を削減し，温暖化やそれによって引き起こされる気候変動の進行をゆるめ，できれば阻止するというものである　これは気候変動に対する緩和策と呼ばれる．

　しかし，努力しても気候変動を止めることは困難である．過去に排出した温室効果ガスが長く影響し続けるという面もある．そのため気候変動が進行することは前提として，それによる被害を最小限にするように，社会，経済，生態系のあり方を変えていく方策も重要である．これが気候変動に対する 2 つ目の対策であり，適応策と呼ばれる．適応とは adaptation の訳である．生物が環境の変化にあわせて進化することも適応と呼ぶが，それと同様に，社会や自然のシステムを，気候変動がもたらす新しい世界にあった姿にしていくアプローチといえる．

(4) 災害リスクの軽減

　気候変動に伴う災害の増加には，どのような適応策が考えられるだろうか．この議論のためには，そもそも災害リスクが何で決まるのかという点に立ち戻りたい．災害のリスクは，雨の量や河川の水位だけでは決まらない．自然災害リスクの大きさは「ハザード」「曝露」「脆弱性」の 3 要素の積集合であるとされる（図 3.5）．ハザードとは自然がもたらす外力，曝露とはそのハザードに人や財産がどれほど晒されているかという程度，脆弱性とはハザードの影響を受けたときにどれほどのダメージを受けるかという脆さの程度を意味する．豪雨の発生や河川の水位上昇は，リスクの原因となるハザードである．したがって，気候変動に伴って増大するのは図 3.5 の構成要素のうちの「ハザード」である．

図3.5　災害リスクの程度を決める3要素.

ハザードが増大し，河川の水が堤防を越えてあふれてきても，そこに人や財産が存在しなければ，すなわち「曝露」が避けられていれば，実際のリスクは大きくない．また仮に洪水が襲ってきても，避難や災害後の助け合いがスムーズにできれば，すなわち「脆弱性」が低ければ，被害は抑制できる．

　仮にハザードの増大が続いても，曝露や脆弱性を低下させることで，リスクの程度すなわち被害者数や被害額を抑制することができる．低地の開発は中世から進められてはいたが，その時代，多くの地域では自然堤防の上に居住するなど，曝露を回避した土地利用がなされてきた．しかし，近代化以降の日本では，ダムや堤防が水害を防いでくれることを前提として，地形的には危険な，かつては河川の氾濫原であった低地の平野部を中心に，都市や商業用地の開発を展開してきた．水害リスクが高い場所での積極的な居住は，日本の歴史の中で戦後の数十年間に急速に生じた特異的なできごとだったといえる．これは人口が急速に増加し，経済発展が何にも増して重要だった時代にはやむを得ないこととされてきた．

　しかし今，時代は変わりつつある．日本の人口は減少に転じた（図3.6）．人口減少は，これまでの社会・経済のシステムの維持を難しくするという意味で，ネガティブにとらえられることがほとんどである．しかし，柔軟な土地利用を可能にするという意味では，チャンスでもある．

　人口減少に加えて，気候変動の進行に伴って「想定外」の災害が増えているという事実は，曝露と脆弱性の低減の重要性をさらに際立たせている．これからは堤防やダムなどの構造物だけに頼らず，より総合的な土地利用計画や地域

（万人）

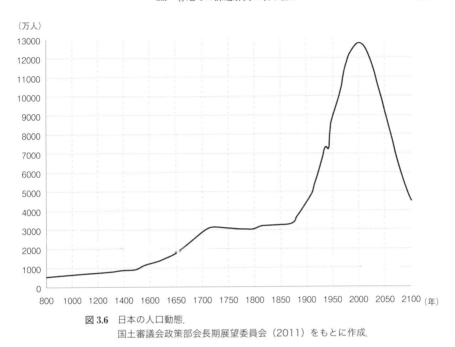

図 3.6 日本の人口動態.
国土審議会政策部会長期展望委員会（2011）をもとに作成.

の自然の特性の理解を踏まえた防災などを総合し，災害に強い地域づくりを進めなければならない．このような災害との向き合い方は，かつての河川管理で失ってきた河川の自然を回復させることと両立しやすいことは想像しやすい．

3.3 各地での課題解決の取り組み

気候変動に伴う災害の増加と人口減少が進む今後の日本において，水害リスクを低減し，人間に恵みをもたらす基盤である生物多様性を保全するには，どのような方法があるだろうか．河川のための土地を民間や公共の力で買う取り組みは容易ではない．とはいえ今後は，少しでも容易になるように制度を整えていくことが重要だろう．その1つが土地を購入せずとも，洪水時に水を溜める権利を河川管理者が設定し，土地所有者に対価を支払う，地役権の設定と呼ばれる方法である．

　マガンの重要な越冬地であり，ラムサール条約湿地にも指定されている宮城県の蕪栗沼^{かぶくり}とその周辺水田では，洪水の際には水田が遊水地として機能する．ここでは水田に対し，洪水を貯留するという地役権が設定されている．

　本節では，気候変動に伴ってより重要性を増す防災・減災と，生物多様性保全や人の利用など河川がもつ多様な機能を両立させるためのアプローチを4つ紹介する．

　1つ目は，すでに河川のために確保されている場所を，生物多様性保全や人と自然がふれあう場など，多様な機能をもつ場として工夫して活用するアプローチである．河川施設である遊水地を多面的に活用している例として，静岡市の麻機遊水地を紹介する．2つ目は，都市が発達している流域での暮らし方や街づくりの工夫で，水循環そのものを見直すアプローチがある．この実例として，福岡市の樋井川の例を紹介する．3つ目は，人が危険な場所に住まないようにするという究極的な目標に向け，まずは危険性を可視化し，それを根拠に徐々に法制度も整えていくというアプローチである．この取り組みとして滋賀県全域での取り組みを紹介する．最後に，水害防止，渇水対策，生物多様性保全，人と自然のふれあいといった，さまざまな側面のバランスを考え，地下水の動態までも視野に入れた「水循環の健全性」の議論を紹介する．

(1)　遊水地の多面的活用：静岡市・麻機遊水地の例

　第1章で述べたように，氾濫原は河川が増水したときのみ冠水するという環境の変動性があることで，特徴的な生態系が成立する空間である．高度化した現代の土地利用で，そのような変動が許容される場所はほとんどない．しかし遊水地は，そのようなダイナミックな環境変動が生じる例外的な場所である．

　遊水地は，大雨で河川の水位が上昇したときに一時的に水を貯留し，河川水位が低下してから河川に水を戻すことで下流域を水害から守る河川施設である．国が管理するものと都道府県が管理するものをあわせると，全国で140か所以上が存在する（諏訪・西廣 2020）．国内最大の遊水地は，栃木・茨城・群馬・埼玉の4県の県境に位置し，$33\,km^2$の面積をもつ渡良瀬遊水地である．レッドリストに掲載されている植物が43種生育し，チュウヒなどの絶滅危惧鳥類が生息する場であり，ラムサール条約でも重要湿地として指定されている．

　氾濫原の生物が生息・生育する場としての機能が期待される遊水地だが，多くの遊水地に共通する課題が存在する．それは攪乱の不足である．遊水地は，越流堤と呼ばれる周辺の堤防よりも一段低い堤防で，河道とつながっており，遊水地の中には水位が越流堤よりも高くなったときだけ水が入る．越流堤を越えてくる水は河道を流れる水よりもはるかに流速が遅く，植生を押し流すような攪乱は生じないことが多い．

　第1章で述べたように，氾濫原の生態系を特徴づけるのは水位変動と攪乱である．遊水地はこの2つの要素のうち，水位変動については満たすものの，攪乱については不足しがちである．かつては氾濫原における植物の刈り取り，水田の造成，漁撈など，多様な人間活動が攪乱の重要な駆動力になっていた．しかしそれらの営みも社会や産業の変化とともに衰退している．

　麻機遊水地は，現代的なニーズに対応した多様な利活用を積極的に推進していることが特徴である．麻機遊水地は静岡市内を流れる巴川沿いに設けられた

図 3.7　洪水時の麻機遊水地と，遊水地内の福祉水田．

治水施設であり，現在も用地確保と工事が進められているが，すでに約110 ha が完成しており，年に一度くらいの頻度で河川の洪水が入り込んでいる（図3.7）．麻機遊水地内には，ミズアオイ，オニバス，タコノアシなど20種以上もの絶滅危惧植物が生育し，また47種のトンボ類が記録されるなど，昆虫相も豊かである（口絵8参照）．この貴重な生物相の存在を根拠に，2001年には環境省により日本の重要湿地500に選定された．また2004年には自然再生推進法に基づく協議会が設置された．

しかし，上記のような絶滅危惧植物が生育しているのは，遊水地の中のごく限られた場所である．現在でも工事中の場所は別として，大規模な工事が完了してから約15年が経過している場所は，大部分がオギやヨシに覆われ，一部ではヤナギ類や外来種であるナンキンハゼによる樹林化も進行している．しかし近年，この工区内において多様な主体による利用が展開され，攪乱のタイプや強度が異なるモザイク的な景観が形成されつつある．

麻機遊水地は図3.8 に示すように，多様な主体が利用している（西廣 2019）．それぞれの主体の利用目的は，障がい者の自立支援，社員教育，特別支援学校における学習，伝統的な植物利用，治水などさまざまである．ミズアオイが生育する湿地の維持など，生物多様性保全を主目的とする活動も存在するものの，そうではない活動が多数を占める．しかし，生物多様性保全を主目的とせずとも，福祉水田で絶滅危惧種の車軸藻類が多数生育するなど，結果として保全に

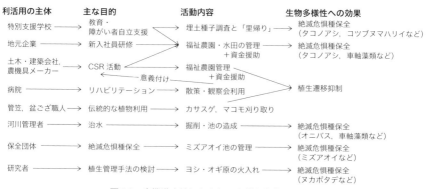

図3.8 麻機遊水地にかかわる多様な主体と活動．
西廣（2019）を改変．

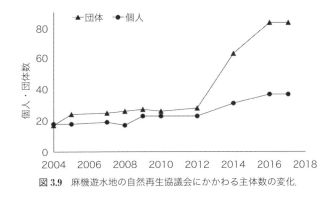

図 3.9 麻機遊水地の自然再生協議会にかかわる主体数の変化.

寄与している. かつては河川が果たしていた攪乱が, 利活用によって代替されているといえるだろう. ヨシ群落の中も歩道の整備などが少しずつ進み, 近隣の病院の患者と家族, あるいは病院で勤務している職員が散歩に利用している. 遊水地での散歩の前後で, リラックスの度合いが有意に向上するなどの心理的なメリットも検証されている (古賀ほか 2019).

遊水地にかかわる多様な主体の情報交換は, 麻機遊水地保全活用推進協議会で行われている. この協議会は, 2004 年に麻機遊水地自然再生協議会という名称で, 団体会員 17 名, 個人会員 18 名という構成員でスタートした. 初期は生物多様性保全を目的とした活動が中心であり, 参加者も限られていた. しかし 2013 年ごろ, 遊水地と隣接する場所にある病院と特別支援学校が中心となり, 上で述べたようなさまざまな活動を開始して以来は状況が変わった. 地域の企業や福祉団体など, これまで自然環境に直接かかわる活動をしていなかったさまざまな主体がかかわるようになり, 協議会への参加者が急増し, 現在では団体会員 85 名, 個人会員 37 名の組織になっている (図 3.9). これは初期の生物多様性保全を前面に出していた時代から, 福祉や教育に主眼をおく活動が目立つ時代への変化と対応している.

生物多様性保全よりも, 福祉・健康・教育といった目的のほうが, はるかに幅広い層から支持されることは容易に想像できる. 麻機遊水地における氾濫原の生物多様性の保全は, 幅広い活動と結びつくことで実現している.

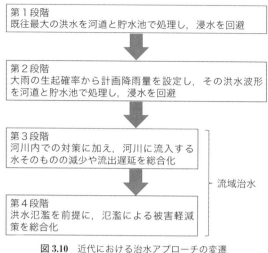

図 3.10 近代における治水アプローチの変遷.
堀ほか（2008）をもとに作成.

（2） 流域スケールでの水循環の見直し：福岡市・樋井川の流域管理

治水のアプローチは時代とともに変化してきた．近代化が進み始めた当初は，過去に生じた最大規模の洪水を，河道と貯水池を組み合わせて安全に流下させることが目指されてきた．その後，設計の目標値が「過去最大」から，特定の確率（100 年に一度程度など）以上の頻度で生じる洪水のパターンを踏まえたものへと変化したが，それを実現する手段として遊水地などを含む河川空間で対応するという発想は共通していた（図 3.10 第 2 段階）．

しかし近年になりこの発想も変化しつつある．雨水が河川空間に入ったあとに処理する対策に加えて，河川に流入する雨水そのものを減少させる，あるいは時間的に遅らせて河川に流入させることで河川の水位上昇を穏やかにする，といった対策が重視されるようになってきた（図 3.10 第 3 段階）．さらには，洪水氾濫を前提として，被害軽減策を考慮に入れた治水も議論されるようになった（図 3.10 第 4 段階）．これら，河川以外の空間も総合して治水を考える対策は，流域治水と呼ばれる．流域治水は，近代治水の発想を原点として考えれば「新たな」展開にみえる．しかし第 2 章でみたように，連続堤による強固な治水が始まる以前は，洪水をある程度許容し，むしろ洪水を活かす社会を工夫してき

た歴史があったことを考えると，流域治水は温故知新のアプローチとしてとらえることもできる.

　流域において，雨水の土壌への浸透，雨水タンクなど小規模な施設での貯留，調整池などによる流出遅延といった，河川の水位上昇を抑える対策を総合的に組み合わせるという治水は，現代の社会では容易ではない.その原因の1つは，河川管理を担当する省庁や部署と，都市や農地などの管理の管理者は別組織であるため，それらの連携が不可欠なことにある.さらに流域治水では市民が取り組む部分も大きいため，日常の中でも非常時を考える意識の改革や，地域活性化の中に防災の機能を組み込んでいく工夫も求められる.

　この困難な課題に取り組んでいる流域もある.福岡市を流れる都市河川である樋井川はその好例だろう.2009年7月，中国地方から九州北部地域は各地で時間雨量100mmを超える豪雨に見舞われた.これは太平洋上でのエルニーニョ現象の影響で，梅雨前線がとくに発達・停滞した影響とされる.福岡空港でも時間雨量116.0mmが観測されるなど，都市域も大きな影響を受けた.福岡市は中心部を多数の川が流れているが，それらのすべてが増水し，1万世帯あまりに避難勧告が出された.樋井川の流域も広範囲で浸水が生じた.

　樋井川は流域面積29.1km²，流路延長12.9kmの小規模な河川だが，流域の市街化率は70%，人口19万人という都市的な流域をもつ河川である.このような河川での治水事業では，川幅を拡げることは困難であるため，まず川底を掘り下げる浚渫工事が検討される.さらに川沿いに洪水を抑えるパラペットウォールと呼ばれるコンクリートの擁壁を建てることも多い.また河川や大河川に強制的に排水するポンプ施設を設置することも選択肢になる.

　川底を浚渫すると，当然ながら平常時の水面の位置が低くなるので，人と川の距離が隔たる.高い擁壁が建てられたらなおさらだ.ポンプ施設も能力に限界がある.このように河川の排水能力の向上だけを考えた対策にはさまざまなデメリットや限界がある.しかし河川を管理する行政の部署は，基本的には河川の中で対策を考えなければならない.流域を含めた総合的な取り組みは，市民の自発的な活動が有効だ.

　樋井川流域では2009年の洪水を契機に，流域住民が，治水を河川の空間だけに頼らず，流域全体での対策を考える樋井川流域治水市民会議を立ち上げた.

図 3.11　樋井川流域で進められている多様な取り組み.

市民会議には，地域住民，NPO，事業者，技術者，学生，研究者，治水行政担当者が集い，ワークショップやフィールドワークを重ねた．市民会議では，河川管理者だけに頼らない住民主体の治水への発想の転換，貯留や浸透といった流域での対策の効果についての技術的な裏付け，具体的な行動計画などが議論された．

　流域の都市域における雨水排水能力は 59 mm/h の雨に対応できるレベルであり，今後も発生することが予測される 100 mm/h 規模の豪雨には対応しきれない．市民会議では，不足する 4 割分を，ため池，学校，公園，公共施設，空き地，個人の住宅や道路での貯留・浸透で対応するプランをまとめ，市民提言として市と県に提出した．洪水から 1 年後の 2010 年 7 月である（島谷ほか 2010）．

　これを出発点に樋井川流域ではさまざまな取り組みが展開されている．流域の家庭には 100 基以上の雨水タンクが福岡県の資金，NPO と学生の労力により無料で設置された（図 3.11）．農業用のため池を治水計画の中に位置づけ，その貯留能力を活用する取り組みや，学校のグラウンドの地下空間を雨水貯留に活用するような取り組みも，県の「樋井川水系河川整備計画」や市の「福岡市雨水流出抑制指針」に基づいて進められている．

　2015年からは，流域治水の発想を身につけて普及に携わる「あまみずコーディネータ」の養成講座も開講されている（あまみず社会研究会）．このようなコアとなる人材の育成だけでなく，河川でのゴミ拾いや水辺を楽しむイベントなど，入り口の異なるさまざまな取り組みが複層的に関連していることが特徴である．多様な連携の中で，雨水貯留と浸透を徹底させた住宅である「雨水ハウス」や，川沿いで雨水貯留タンクをたくさん設置した喫茶店など，拠点となる場所もできてきた．拠点の1つの喫茶店では，雨水浸透機能をもち，地域の植物の保全も考慮した庭づくりを，クラウドファンディングで募った予算を活用した手づくり作業で実現したという（図3.11）．

　このように大きな動きに発展する上でのポイントの1つに，活動の中心に土木の研究者がおり，技術的な背景がしっかりしていることがあげられる．その上で，雨水や川にかかわる多様な取り組みを担う主体が，楽しく，無理なくつながっているところが重要なようだ．

(3)　減災型治水：滋賀県の流域治水

　河川での治水工事や流域での雨水貯留や浸透が進んでも，水害を完全に防ぐことはできない．とくに今後，気候変動に伴って巨大台風の襲来や集中豪雨が増加し，想定を超える災害リスクが高まることが予測されている．そこで重要になるのが，図3.10に示した第4の段階，「洪水氾濫を前提とした被害軽減策」である．

　河川から洪水を氾濫させないという発想での管理では，安全度の評価は河川の中の地点について検討すれば事足りた．しかし洪水による氾濫を前提とし，その被害の軽減を考えるのであれば，居住地や農地といった堤内地の各地点の安全度を評価し，それを高める整備や，あるいは安全度の低い場所には居住しないなどの土地利用での工夫をすることが重要になる．図3.5の表現を用いれば「曝露の低減」によるリスク軽減である．

　洪水氾濫の予想を踏まえた土地利用を実現するためには，各地点のリスク／安全性がなるべく正確に地図化されていることが重要である．滋賀県では，そのような地図化が実現している．滋賀県は，2006年から第4の時代の治水を目標に掲げ，県独自に複数河川・水路群からの氾濫をシミュレーションする研究

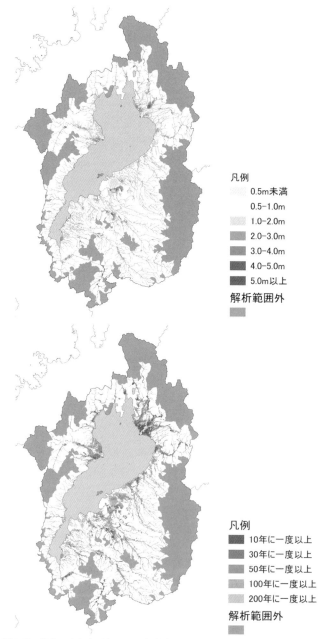

凡例
0.5m未満
0.5-1.0m
1.0-2.0m
2.0-3.0m
3.0-4.0m
4.0-5.0m
5.0m以上
解析範囲外

凡例
10年に一度以上
30年に一度以上
50年に一度以上
100年に一度以上
200年に一度以上
解析範囲外

図 3.12　地先の安全度（上：200 年確率浸水深図，下：床上浸水発生確率図）．

を進めた．そして 2012 年に「地先の安全度」の地図を公表した（図 3.12）．これは，県内全域の予想浸水深図および流体力図，床上浸水発生確率図，家屋水没発生確率図，家屋流失発生確率図から構成される．「地先の安全度マップ」と呼ばれるこの地図の大きな特徴は，河川からあふれてくる水，すなわち外水によるリスクだけでなく，農業用水路からあふれる水や，河川に流れずに堤内地に溜まる水，すなわち内水によるリスクも同時に考慮していることに特徴がある．現在，多くの自治体が災害ハザードマップを公表しているが，そのほとんどは外水のリスクしか考慮できていない．

　滋賀県は，地先の安全度の公表と並行し，2012 年には「滋賀県流域治水基本方針」を議決した．基本方針では，政策目標として①どのような洪水にあっても人命を守ることを最優先すること，②生活再建が困難となる被害を避けることが掲げられた．

　さらにその 2 年後の 2014 年には基本方針の実効性を確保するため，「滋賀県流域治水の推進に関する条例」を議決・制定した．河川法に基づく河川管理の（義務的）責務は，計画洪水を定め，それを河道および洪水調整施設で処理することにある．滋賀県の条例も治水政策の 1 つであるが，河川整備だけでなく，「流域貯留対策」「氾濫原減災対策」「地域防災力向上対策」を行うことを明記している．これらは，洪水氾濫というハザードの増加への対応として，「曝露の回避」と「脆弱性の低減」の両方を意図したものといえる．

　滋賀県では曝露回避による減災対策として，氾濫原の低地や旧河道など，リスクの高い箇所での土地利用・建築規制を行っている．図 3.13 の領域 A に該当する土地，すなわち頻繁に水害に見舞われる場所は，「甚大な資産被害」を回避するため，都市計画法における市街化区域には原則として含めないこととしている．さらに領域 B，すなわち発生頻度は低いものの，ひとたび発生すると甚大な被害が生じると予測される土地は，「人的被害」に直結する家屋流失・水没を回避するため，「避難可能な床面が予想浸水面以上となる構造」あるいは「予想流体力で流失しない強固な構造」を建築許可条件としている．

　水害リスクの高い場所を市街化区域にしないというのは，当然のことのように思われる．しかし，今までの都市計画ではこれは常識ではなかった．交通が便利で開発に適した平地がある場所は市街化区域に組み込まれ，それを守るた

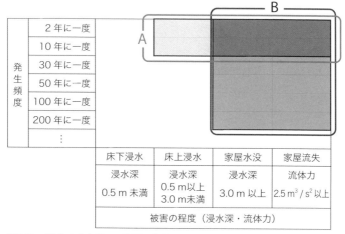

図3.13　「地先の安全度」の地図で表現されるリスクのカテゴリー.
予想される洪水の発生頻度と，発生した場合の被害の程度に基づく分類
がなされている.

めの堤防やポンプ施設などが計画されるという手順のほうが普通だったのである. 滋賀県で進められているような災害リスクを都市計画に反映させる取り組みは，気候変動が進む未来に向けて，必須の発想となるべきものだろう.

(4)　水循環の健全化を目指して

a.　都市の水循環

　これまでの治水は，基本的に，人が利用している陸地からなるべく早く河川に排水し，河川の水はなるべく早く海に排水するという思想で進められてきた. コンクリートの排水溝や直線化された河川もその思想の産物である. その結果，地下に染み込む雨水が減少した. 地下水は目にみえないので実感しにくいが，地下水の減少は都市化に伴って着実に進行している. それは湧水の喪失という形で表れている.

　東京都の井の頭池，三宝寺池，善福寺池はいずれも豊富な湧水で涵養され，かつては武蔵野3大湧水池と呼ばれていた. ともに標高約50 mの場所に並んでいる. この高さには，氷期からの海退期に古多摩川の河口に堆積した礫の層（武蔵野礫層）があり，そのすぐ下には粘土層がある. このため台地側から供給

される地下水が地表面から供給される雨水を集めながら地下水の流れをつくり，その水面が地表面に接する崖の部分で湧水をつくる．かつてはこれらの湧水は，付近の農地だけでなく江戸の水源として発展を支えた．しかし，現在では周辺の都市化により水循環は大きく変化した．台地に降った雨水の多くは地下には浸透せず，排水路を通して河川に流出する．地下水の減少に伴い，湧水は激減し，現在では武蔵野3大湧水池の水はポンプで地下水を供給しないと維持できなくなっている．

　雨水が地下を経由せず地表をすみやかに流れるようになったことは，新たな水害のリスクを増加させた．大雨の際，流域に降った水が短時間で河川に集中するため，河川の水位が急速に上昇するのである．これに対し，流域の各地に降った雨が地下を経由したり，一時的に貯留したりすることで，時間差をもって河川に到達すれば，河川の水位が高い状態が長く続く一方で，ピークの水位は低くなる．樋井川の取り組みで紹介したような流域での雨水の浸透や貯留を促進する取り組みは，河川に流れ込む水の絶対量を減らすだけでなく，到達を遅らせることを通して治水に寄与する．

　さらに都市域では，大雨の際に排水管に集中する雨水の量を減らすことは，河川の水質の維持のためにも重要である．東京を含め，古くから都市開発された地域では，合流式下水道の場所が多い．合流式下水道とは，家庭からの雑排水や水洗トイレからの排水といった下水と，都市に降り注いだ雨水が同じ排水管を流れる排水システムである．これとは異なり，雨水と下水が別の管路を流れる仕組みは分流式下水道と呼ばれる（図3.14）．

　合流式下水道は，仕組みがシンプルなうえ，窒素降下物などを多く含んだ都市の雨水も下水処理場で浄化されてから河川に戻るという点では，平常時の水質にとってはメリットもある．しかし下水管に流しきれない量の大雨が降ったときには，汚れた下水もろとも，途中の河川などに放流される．トイレの排水を含む未処理の下水の河川への放流が水質問題を引き起こすことはいうまでもない．合流式下水道の管からあふれる水はCSO（combined sewage overflow）と呼ばれ，世界各地の都市で問題視されている．

　ニューヨークもCSO問題を抱えた都市である．近年の集中豪雨の増加で，CSO問題は年々深刻化していた．これに対する対策として，ニューヨーク市は

合流式下水道

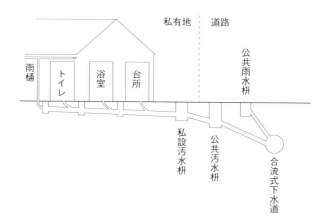

分流式下水道

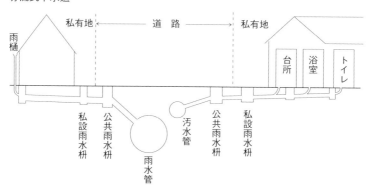

図 3.14　合流式下水道と分流式下水道.

グリーンインフラ計画で対応を進めている. これは市内に, バイオスウェルと呼ばれる道路わきの雨水浸透施設や, 雨水を貯留して利用する仕組みを備えた屋上緑化施設を計画的に配置し, 下水管への雨水の集中を減らすアプローチである (図 3.15). この計画の策定にあたっては, 地下の下水管を新しいものに交換する対策 (グレーインフラ的対策) とグリーンインフラ計画を比較し, 経済的にも安価だということでグリーンインフラ計画が採択された. さらにグリーンインフラ計画の場合, 市内の緑地を増やすことで, 快適性, 生物の生息空間, 人と自然のふれあいの機会の増加などの付随的なメリットも期待できる.

図 3.15　道路わきのバイオスウェル.
道路に降った雨水を集め，浸透させる機能がある.

　グリーンインフラによる都市の雨水対策は，ニューヨーク以外にもポートランド（オレゴン州）などアメリカの都市，ヨーロッパ各地の都市で積極的に導入されている．日本でも神奈川県横浜市や東京都世田谷区などで関連した試みがある．

b.　農村域の水循環

　地下に浸透する水を増加させることのメリットは都市域に限ったことではない．千葉県の印旛沼では，水循環基本法に基づく「水循環健全化計画」が，県と基礎自治体，流域の住民・市民団体，研究者などから構成される印旛沼水循環健全化会議によって策定され，5 年ごとに見直される「行動計画」に沿った活動が展開されている．水循環健全化計画では，治水・水質・生物多様性・親水など多様な視点からの目標が掲げられ，行動計画では，雨水浸透の促進，調整池を活かした汚濁負荷低減，下水道の普及，環境配慮型農業の普及，水辺の生態系修復など，多様な取り組みの計画が説明されている．

　水循環健全化の一環として行われた取り組みの 1 つに，佐倉市での加賀清水の復活がある．江戸時代，佐倉城の城主である大久保加賀守忠朝が好んで飲んだといわれた豊かな湧水が，周辺の都市化に伴って頻繁に枯れるようになってしまった．これに対し，家庭での雨水浸透枡の設置や，透水性舗装の整備などが進められた．その結果，1995 年には年間 80 日以上生じていた湧水の枯渇現象が，ほとんど認められなくなった（いんばぬま情報広場）．

図 3.16　千葉県北部の谷津.

　加賀清水は，谷津と呼ばれる地形に位置する．谷津あるいは谷戸という言葉
は，関東地方では台地の辺縁にできる小規模な谷地形を指す．印旛沼のある千
葉県北部は下総台地と呼ばれる平坦な台地と，沼や河川がある平野の2層の平
坦面から構成される地形をもち，谷津はその台地に降った雨が地形を削って形
成された谷である（図3.16）．谷津の斜面と谷底面の境界付近に生じる湧水は，
台地に降った雨水が地下に浸透して湧き出したものである．

　かつては谷津の谷底では，湧水を利用した稲作が行われていた．印旛沼や利
根川の周辺など氾濫原の水田が頻繁な水害に苦しめられていた時代にも，水害
のリスクが低く，湧水が安定して利用できる谷津は，稲作に適した場所だった．

　しかし治水や干拓の事業が進み，氾濫原が農地として整備されていくと同時
に，谷津の耕作放棄が進行した．谷津は湧水が豊富なぶん排水が困難であり，
また地形が狭いこともあり，大型の機械を使う現代的な農業には向いていない
からだ．一部は加賀清水周辺のように都市化され，大部分は耕作放棄地として
残された．

　農業政策的には，放棄水田は減らすべき対象とみなされやすい．しかし野生
生物からすれば，貴重なハビタットが残されている場ともとらえられる．事実，
谷津の豊富な湧水で涵養される水路には，ホトケドジョウ，サワガニ，オニヤ
ンマなど，独特の生物相が残存しているところが多い（Kim et al. 2020）．

　近年，谷津がもつグリーンインフラとしての機能を評価し，水路の修復，浅

図 3.17 谷津の耕作放棄地を湿地に戻す市民活動.

い池や水田の造成など，現代のニーズにあった形で積極的に活用する試みが始められている（図 3.17）．谷津がもつ主要なグリーンインフラ機能としては，治水，水質浄化，生物多様性保全，農地維持などがあげられる（西廣ほか 2020）．谷津がもつ治水機能とは，地下や地表を通って谷津に流れ込んだ水を，いったん貯留して河川への流出を遅らせたり，地下に浸透させて河川への流出量を減らしたりする機能である．いわば小さなダムのような機能である．定量的な機能評価はまだ研究過程だが，都市化され雨水が浸透しなくなった谷では降雨とほぼ同時に河川に水が流出するのに対し，周辺に樹林や草原があり谷底に湿地が残された谷津では，数時間〜数日遅れて流出する．さらに，都市化された谷では降水量の 70〜100％が河川に流出するのに対し，自然の立地が残っていると 30％以下にまで低下することも示唆されている．

　水質浄化の機能も重要である．印旛沼流域では，台地上に畑が多い場所の谷津内では，硝酸の濃度が 30 mg/L 以上を超える栄養塩濃度の高い湧水も確認されている．畑で施された肥料が溶け出して富栄養な地下水となり，湧水として出てくるのである．しかし，谷津の谷底部が湿地として維持されていると，そこで浄化作用が生じ，谷津を出るころには 3 分の 1 以下の濃度まで低下する場

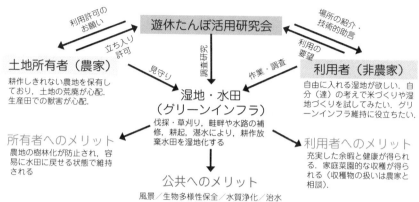

図 3.18 印旛沼流域で着手された，耕作放棄水田・休耕田をグリーンインフラとして有効活用するスキーム.

合もあることがわかってきた．一般に，農地排水の水質浄化は対策が難しい課題だが，谷津はある程度の広さの農地からの集水装置として機能するため，効率的な対策に役立つことが期待できる．

　治水，水質浄化，生物多様性保全といった機能は，気候変動が進む将来，ますます重要になる．そのためには，台地の雨水，地下水，湧水を起源とする湿地，河川，湖沼を一体のシステムとしてとらえ，総合的に活用する視点が不可欠である．従来型の行政システムでは，台地上の都市や農地，谷底の農地，河川・湖沼は，それぞれ別の部署が管轄し，それぞれ，居住，農業生産，治水など，個別の問題に特化した対応をしていた．しかし水循環の健全化のためには，これらの部局を横断した取り組みが不可欠である．

　印旛沼流域では，市民，研究者，行政職員，環境・建設コンサルタントの関係者などが参加する「里山グリーンインフラネットワーク」が設立された．里山グリーンインフラという名称は，かつて農業を基盤とした社会を支えてきた，河川，湿地，樹林，草原などの「里山の自然」を，気候変動と人口減少が進行する将来における社会基盤として再評価し，新しい形で活用しようという発想による造語である．このネットワークでは，上述した谷津の活用だけでなく，台地での雨水浸透の促進や水路と河川の連続性の回復など，水循環の回復を軸とした地域づくりについて，議論が開始されている．

　2021 年からは，ネットワーク参加者を中心に結成した遊休たんぼ活用研究会による耕作放棄水田・休耕田の有効活用の取り組みがスタートした．耕作しきれない農地をもつ農家と，自分たちでコメづくりや湿地管理をしてみたい非農家を結びつけ，多面的な機能をもつグリーンインフラを維持していく取り組みである（図 3.18）．農業の近代化の中でいったん価値を失いかけていた谷底湿地が，気候変動時代のインフラとして新たな価値を帯びてきている．

3.4　　おわりに：河川と人の未来

　河川はもともと，食べ物となる生物の生産，農業や生活に必要な水の供給，輸送経路など，多様な恵みを人間社会にもたらしてきた．人は台地や自然堤防上など水害リスクが比較的低い場所に住み，洪水の威力を適度に和らげ受け流す技術を発達させつつ，河川がつくった肥沃な土地で農業や漁業を営み，文化を築いてきた．そのような土地利用や構造物は，自然の働きを踏まえた社会基盤という意味で，まさに自然に基づくインフラストラクチャー（グリーンインフラ）であった．グリーンインフラは新しい技術や概念ではなく，人と自然の関係の原点であったといえる．

　明治期から現代までの期間は，技術の発達と人口増加を背景に，河川を狭い範囲に押し込め，河川の際まで都市や農地の利用を進め，河川は排水路としての機能に特化させるような方向で管理が進められてきた．とくに第 2 次世界大戦後は，農業システムの変化と相まって，河川の恩恵を身近に感じにくい社会へと自然の改変が進められてきた．コンクリートのダムや堤防，いわばグレーインフラこそが「インフラ」の代名詞となり，自分が住んでいる場所が氾濫原なのか高台なのかさえ意識せずに暮らせる社会がつくられてきた．

　近代化以降，生物多様性保全と治水は対立しがちだった．そして多くの場合，治水が優先されてきた．今や日本の淡水魚，水生植物ともに約 40％が絶滅危惧種である（環境省，角野 2014）．絶滅危惧種の多さは，生物多様性の損失の 1 つの側面に過ぎない．川の水際や田んぼの間の土水路をタモ網でがさがさと探ると無数の小魚や水生昆虫がとれるような湿地，普通種が普通にたくさん暮らし

ている湿地, そのような豊穣の湿地は, かつては普通だったが, 今は限られた地域にしか存在しない. 淡水の生物をここまで追い込んだ原因として, 侵略的外来種の侵入に加え, 氾濫原の喪失, 水と陸の境界部の改変, 河川と水路の分断化など, 本書で述べてきた環境変化の影響はきわめて大きい. 人と河川の長い関係史の中で, ここまで一方的に野生の動植物の多様性や量を減らす関係が生じたのは最近 50 年ほどに過ぎない.

　「まえがき」で述べたように, 私たちは今, 河川と人の関係の大きな転換期を迎えている. 気候変動と都市化の進行により, 想定を超える集中豪雨や高温, さまざまな複合的な災害が生じるようになり, これまでの治水アプローチの限界が認識されるようになった. それはダムや連続堤という近代的・人工的インフラの限界とともに, 治水を河川管理者に任せることの限界でもあった. 私たちは近代化の中で, 堤防の外といういわば日常の外側に河川を押し込め, 地形や雨水の動き, 洪水のときの水や土砂の動きを考えなくても暮らせる社会をつくってきた. 今, 限界を迎えているのは, このパラダイムである. 私たちは改めて, 河川と向き合った暮らしや, 河川の特徴を踏まえたまちづくりの方向に, 舵を切るべきだろう. この方向性は, 河川がもたらすリスクと向き合うという厳しい側面だけでなく, 心の休まる風景やさまざまな生物の存在, 子供の健全な発達を助ける体験の機会など, 河川の恵みを大切にする側面ももつはずだ.

　河川の姿や人の利用を「昔に戻す」ことは, 問題の解決をもたらさない. 深刻な水害の低減や感染症の抑制といった近代化の恩恵は活かしつつ, 生物多様性, 自然を利用する伝統的な知恵, 故郷の風景など, 近代化の中で評価されずに喪失が進んだ要素を回復させること, 有り体にいえば「いいとこどり」を考えるべきだろう. 近代化の過程で培った技術を活用し, 多様な主体が連携しやすい体制や機会・場を整え, 自然と人のダイナミックな歴史から謙虚に学ぶことが, もっとも賢明なアプローチになるはずだ.

参 考 文 献

Abe T, Kobayashi I, Kon M et al. (2007) Spawning behavior of the Kissing Loach (*Leptobotia curta*) in temporary waters. Zoological Science 24: 850-853.

Akamatsu F, Toda H (2011) Flow regime alters body size but not the use of aquatic subsidies in a riparian predatory arthropod. Ecological Research 26: 801-808.

Akamatsu F, Toda H, Okino T (2004) Food source of riparian spiders analyzed by using stable isotope ratios. Ecological Research 19: 655-662.

Allan JD (1995) Stream Ecology: Structure and Function of Running Waters. Springer.

Asai T, Senou H, Hosoya K (2011) *Oryzias sakaizumii*, a new ricefish from northern Japan (Teleostei: Adrianichthyidae). Ichthyological Exploration of Freshwaters 22: 289-299.

Baxter CV, Fausch KD, Murakami M et al. (2004) Fish invasion restructures stream and forest food webs by interrupting reciprocal prey subsidies. Ecology 85: 2656-2663.

Baxter CV, Fausch KD, Saunders WC et al. (2005) Tangled webs: reciprocal flows of invertebrate prey link stream and riparian zones. Freshwater Biology 50: 201-220.

Busscher T, van den Brink M, Verweij S (2019) Strategies for integrating water management and spatial planning: Organising for spatial quality in the Dutch "Room for the River" program. Journal of Flood Risk Management 12: e12448.

Ebersole JL, Wigington PJ Jr., Leibowitz SG et al. (2015) Predicting the occurrence of cold-water patches at intermittent and ephemeral tributary confluences with warm rivers. Freshwater Science 34: 111-124.

Farmer J (1999) Glen Canyon Dammed: Inventing Lake Powell and the Canyon Country. University of Arizona Press.

Helfield JM, Naiman RJ (2001) Effects of salmon-derived nitrogen on riparian forest growth and implications for stream productivity. Ecology 82: 2403-2409.

Itakura H, Miyake Y, Kitagawa T et al. (2020) Large contribution of pulsed subsidies to a predatory fish inhabiting large stream channels. Canadian Journal of Fisheries and Aquatic Sciences 78: 144-153.

Jackson BK, Stock SL, Harris LS et al. (2020) River food chains lead to riparian bats and birds in two mid-order rivers. Ecosphere 11: e03148.

Junk W, Bayley PB, Sparks RE (1989) The flood pulse concept in river-floodplain systems. Canadian Journal of Fisheries and Aquatic Sciences 106: 110-127.

Kato C, Iwata T, Nakano S et al. (2003) Dynamics of aquatic insect flux affects distribution of riparian web-building spiders. Oikos 103: 113-120.

Kawaguchi Y, Nakano S (2001) Contribution of terrestrial invertebrates to the annual resource budget for salmonids in forest and grassland reaches of a headwater stream. Freshwater Biology 46: 303-316.

Kidera N, Kadoya T, Yamano H et al. (2018) Hydrological effects of paddy improvement and abandonment on amphibian populations; long-term trends of the Japanese brown frog, *Rana japonica*. Biological Conservation 219: 96-104.

Kim JY, Hirano Y, Kato H et al. (2020) Land-cover changes and distribution of wetland species in small valley habitats that developed in a Late Pleistocene middle terrace region. Wetlands Ecology and Management 28: 217-228.

Kitamura J, Negishi JN, Nishio M et al. (2009) Host mussel utilization of the Itasenpara bitterling (*Acheilognathus longipinnis*) in the Moo River in Himi, Japan. Ichthyological Research 56: 296-300.

Koizumi I, Kanazawa Y, Tanaka Y (2013) The fishermen were right: experimental evidence for tributary refuge hypothesis during floods. Zoological Science 30: 375-379.

Lafage D, Bergman E, Eckstien RL et al. (2019) Local and landscape drivers of aquatic-to-terrestrial subsidies in riparian ecosystems: a worldwide meta-analysis. Ecosphere 10: e02697.

Lovas-Kiss A, Vincze O, Löki V et al. (2020) Experimental evidence of dispersal of invasive cyprinid eggs inside migratory waterfowl. PNAS 117: 15397-15399.

Mabuchi K, Senou H, Suzuki T et al. (2005) Discovery of an ancient lineage of *Cyprinus carpio* from Lake Biwa, central Japan, based on mtDNA sequence data, with reference to possible multiple origins of koi. Journal of Fish Biology 66: 1516-1528.

Maeda K (2014) *Stiphodon niraikanaiensis*, a new species of Sicydiine goby from Okinawa Island (Gobiidae: Sicydiinae). Ichthyological Research 61: 99-107.

Matsuzaki SS, Mabuchi K, Takamura N et al. (2009) Behavioural and morphological differences between feral and domesticated strains of common carp *Cyprinus carpio*. Journal of Fish Biology 75: 1206-1220.

Muehlbauer JD, Collins SF, Doyle MW et al. (2014) How wide is a stream? Spatial extent of the potential "stream signature" in terrestrial food webs using meta-analysis. Ecology 95: 44-55.

Nakano S, Miyasaka H, Kuhara N (1999) Terrestrial-aquatic linkages: Riparian arthropod inputs alter trophic cascades in a stream food web. Ecology 80: 2435-2441.

Nakano S, Murakami M (2001) Reciprocal subsidies: dynamic interdependence between terrestrial and aquatic food webs. PNAS 98: 166-170.

Nakayama N, Nishihiro J, Kayaba Y et al. (2007) Seed deposition of *Eragrostis curvula*, an invasive alien plant on a river floodplain. Ecological Research 22: 696-701.

Nishihiro J, Akasaka M, Ogawa M et al. (2014) Aquatic vascular plants in Japanese lakes. Ecological Research 29: 369.

Nishihiro J, Araki S, Fujiwara N et al. (2004) Germination characteristics of lakeshore plants under an artificially stabilized water regime. Aquatic Botany 79: 333-343.

Pedersen ML, Andersen JM, Nielsen K et al. (2007) Restoration of Skjern River and its valley: Project description and general ecological changes in the project area. Ecological Engineering 30: 131-144.

Rice SP, Kiffney P, Greene C et al. (2008) The ecological importance of tributaries and confluences. In: River Confluences, Tributaries and the Fluvial Network (eds. Rice SP, Roy AG, Rhoads BL). John Wiley & Sons. pp. 209-242.

Sato T, Watanabe K, Kanaiwa M et al. (2011) Nematomorph parasites drive energy flow through a riparian ecosystem. Ecology 92: 201-207.

Schulz R, Bundschuh M, Gergs R et al. (2015) Review on environmental alteration propagating from aquatic to terrestrial ecosystems. Science of The Total Environment 538: 246-261.

Shimada M, Ishihama F (2000) Asynchronization of local population dynamics and persistence of a metapopulation: a lesson from an endangered composite plant, *Aster kantoensis*. Population Ecology 42: 63-72.

Stenroth K, Polvi LE, Fältström E et al.（2015）Land-use effects on terrestrial consumers through changed size structure of aquatic insects. Freshwater Biology 60: 136-149.

Suzuki K, Yoshitomi T, Kawaguchi Y et al.（2011）Migration history of Sakhalin taimen *Hucho perryi* captured in the Sea of Okhotsk, northern Japan, using otolith Sr: Ca ratios. Fisheries Science 77: 313-320.

Terui A, Miyazaki Y（2015）A "parasite-tag" approach reveals long-distance dispersal of the riverine mussel *Margaritifera laevis* by its host fish. Hydrobiologia 760: 189-196.

Vannote RL, Minshall GW, Cummins KW et al.（1980）The river continuum concept. Canadian Journal of Fisheries and Aquatic Sciences 37: 130-137.

Yamasaki YY, Nishida M, Suzuki T et al.（2015）Phylogeny, hybridization, and life history evolution of *Rhinogobius* gobies in Japan, inferred from multiple nuclear gene sequences. Molecular Phylogenetics and Evolution 90: 20-33.

あまみず社会研究会．https://amamizushakai.wixsite.com/amamizu（2021 年 4 月 30 日確認）

秋本吉徳（2001）常陸国風土記　全訳注．講談社．

安達　満（1997）川除仕様帳　解題．「日本農書全集 65：開発と保全 2」（佐藤常雄，徳永光俊，江藤彰彦 編）．農山漁村文化協会．

天野文子，風間　聡（2013）メコン河氾濫原における栄養塩の季節変化と肥沃効果の評価．土木学会論文集 B1（水工学）69：499-504.

石井素介，浮田典良，伊藤喜栄 編（1986）図説日本の地域構造．古今書院．

井上幹生，中野　繁（1994）小河川の物理的環境構造と魚類の微生息場所．日本生態学会誌 44：151-160.

いんばぬま情報広場．http://inba-numa.com/（2021 年 4 月 30 日確認）

江戸謙顕（2002）希少種保全のための調査研究―イトウを例として―．「地球環境サイエンスシリーズ 8：生物と環境」（江戸謙顕，東　正剛 共著）．三共出版．

大熊　孝（2004）技術にも自治がある―治水技術の伝統と近代．農山漁村文化協会．

大嶋和雄（1991）第四紀後期における日本列島周辺の海水準変動．地学雑誌 100：967-975.

太田猛彦（2012）森林飽和―国土の変貌を考える．NHK 出版．

岡　光夫，守田志郎 翻刻・現代語訳（1979）百姓伝記　巻七．「日本農書全集 16：百姓伝記」（農山漁村文化協会 編）．農山漁村文化協会．

岡部浩洋（1961）日本住血吸虫及び日本住血吸虫症の生物学及び疫学．「日本における寄生虫学の研究 第 1 巻」（森下　薫，小宮義孝，松林久吉 編）．目黒寄生虫館．

小椋純一（2012）森と草原の歴史―日本の植生景観はどのように移り変わってきたのか．古今書院．

笠原安夫（1951）本邦雑草の種類及地理的分布に関する研究，第 4 報　水田雑草の地理的分布と発生度．農学研究 39：143-154.

笠原安夫（1967）日本雑草図説．養賢堂．

鍛冶博之（2016）近世徳島における阿波藍の普及と影響．社会科学 45：159-188.

角野康郎（2014）ネイチャーガイド　日本の水草．文一総合出版．

川喜田二郎（1980）生態学的日本史臆説―とくに水界民の提唱．「歴史的文化像　西村朝日太郎博士古稀記念」（蒲生正男，下田直春，山口昌男 編）．新泉社．

環境省（2007）「環境用水の導入」事例集〜魅力ある身近な水環境づくりにむけて〜．https://www.env.go.jp/water/junkan/case2/index.html（2021 年 4 月 30 日確認）

環境省（2020）気候変動影響評価報告書．

環境省．淡水魚保全のための検討会．https://www.env.go.jp/nature/kisho/tansuigyo/index.html（2021 年 4 月 30 日確認）

神田典城（1988）記紀神話の受容（四）．学習院女子短期大学国語国文学会国語国文学論集 17：1-21.

救荒植物データベース．http://wetlands.info/tools/plantsdb/salvationplants/（2021 年 4 月 30 日確認）

倉本　宣，加賀屋美津子，可知直毅ほか（1996）カワラノギクの個体群構造と実生定着のセーフサイト
　　に関する研究．ランドスケープ研究 60：557-560.

古賀和子，岩崎　寛，西廣　淳（2019）都市近郊湿地の健康増進を目的とした利用可能性の検討．日緑
　　工誌 45：224-227.

国土交通省（2006）「多自然川づくり基本指針」の策定について．https://www.mlit.go.jp/kisha/kisha
　　06/05/051013_.html（2021 年 4 月 30 日確認）

国土交通省（2008）中小河川に関する河道計画の技術基準について．https://www.mlit.go.jp/river/
　　kankyo/main/kankyou/tashizen/gijyutsukijyun.html（2021 年 4 月 30 日確認）

国土審議会政策部会長期展望委員会（2011）「国土の長期展望」中間とりまとめ　概要．

後藤　晃（1994）川と湖の魚たち―由来と適応戦略―．「北海道・自然のなりたち」（石城謙吉，福田
　　正己 編）．北海道大学図書刊行会．

小林照幸（1998）死の貝．文藝春秋．

佐々木直井，伊東鑓雄（1961）海棲メダカの研究　I. 野外観察．動物学雑誌 70：188-191.

佐藤洋一郎（2002）稲の日本史．角川学芸出版．

滋賀県（2005）芹川堤防点検報告書．

滋賀県（2012）滋賀県流域治水基本方針．

滋賀県（2014）滋賀県流域治水の推進に関する条例．

重村俊雄（1955）神通川誌．富山漁業協同組合．

島谷幸宏，小栗幸雄，萱場祐一（1994）中小河川改修前後の生物生息空間と魚類相の変化．水工学論文
　　集 38：337-344.

島谷幸宏，山下三平，渡辺亮一ほか（2010）治水・環境のための流域治水をいかに進めるか？　河川
　　技術論文集 16：17-22.

清水良平（1968）わが国における耕地面積の変動．農業綜合研究 22：171-220.

杉尾　哲（2017）北川の霞堤をめぐる地域との合意形成について．第 5 回流域管理と地域計画の連携方
　　策に関するワークショップ基調講演資料．土木学会流域管理と地域計画の連携方策小委員会．

諏訪夢人，西廣　淳（2020）日本における遊水地の分布と立地特性．応用生態工学 23：85-97.

関　正和（1994）大地の川―甦れ，日本のふるさとの川．草思社．

総務省統計局（2021）第七十回日本統計年鑑．

田子泰彦（1999）神通川と庄川におけるサクラマス親魚の遡上範囲の減少と遡上量の変化．水産増殖
　　47：115-118.

田中　晋（2009）富山の伝統的魚食文化．富山伝統的食文化研究会．

知野泰明（1997）治河要録　解題．「日本農業全集 65：開発と保全 2」（佐藤常雄，徳永光俊，江藤彰彦
　　編）．農山漁村文化協会．

千葉徳爾（1991）はげ山の研究．そしえて．

坪井塑太郎（2017）2000 年代以降の日本における洪水災害の地域特性に関する研究．水資源・環境研
　　究 30：78-84.

寺村　淳，大熊　孝（2005）北陸扇状地河川における霞堤の変遷とその役割に関する研究―「技術の自
　　治」の展開と消滅という観点を軸に―．土木史研究論文集 24：161-171.

土木図書館委員会　沖野忠雄研究資料調査小委員会 編（2010）沖野忠雄と明治改修．土木学会．

外山秀一（1994）プラント・オパールからみた稲作農耕の開始と土地条件の変化．第四紀研究 33：317-
　　329.

豊島照雄，中野　繁，井上幹生ほか（1996）コンクリート化された河川流路における生息場所の再造成
　　に対する魚類個体群の反応．日本生態学会誌 46：9-20.

中野治房（1910）中部利根河岸ノ植物生態ニ就テ．植物学雑誌 24：27-35.

中村太士 編（2011）川の蛇行復元―水理・物質循環・生態系からの評価―. 技報堂出版.

西廣　淳（2011）湖の水位操作が湖岸の植物の更新に及ぼす影響. 保全生態学研究 16：139-148.

西廣　淳（2012）霞ヶ浦における水位操作開始後の抽水植物帯面積の減少. 保全生態学研究 17：141-146.

西廣　淳（2019）麻機遊水地における福祉と健康を含む多目的活用と生物多様性保全. ランドスケープ研究 83：286-287.

西廣　淳, 赤坂宗光, 山ノ内崇志ほか（2016）散布体バンクを含む湖沼底質からの水生植物再生可能性の時間的低下. 保全生態学研究 21：147-154.

西廣　淳, 大槻順朗, 高津文人ほか（2020）「里山グリーンインフラ」による気候変動適応：印旛沼流域における谷津の耕作放棄田多面的活用の可能性. 応用生態工学 22：175-185.

西廣　淳, 永井美穂子, 安島美穂ほか（2002）一時的な裸地に生育する絶滅危惧種キタミソウの種子繁殖特性. 保全生態学研究 7：9-18.

根岸淳二郎, 萱場祐一, 塚原幸治ほか（2008）指標・危急生物としてのイシガイ目二枚貝：生息環境の劣化プロセスと再生へのアプローチ. 応用生態工学 11：195-211.

農村振興局（2011）特殊土壌地帯対策の概要. 農林水産省.

農林水産省（2016）平成 27 年度　食料・農業・農村白書.

野村亮太郎（1984）加古川上流部, 篠山盆地における河川争奪現象. 地理学評論 57：537-548.

林　正高（2000）寄生虫との百年戦争：日本住血吸虫症・撲滅への道. 毎日新聞社.

平塚純一, 山室真澄, 石飛　裕（2006）里湖モク採り物語―50 年前の水面下の世界. 生物研究社.

北海道. 北海道の川の特色. http://www.pref.hokkaido.lg.jp/kn/kss/ksn/grp/public01-3.pdf（2021 年 5 月 10 日確認）

堀　智晴, 古川整治, 藤田　暁ほか（2008）氾濫原における安全度評価と減災対策を組み込んだ総合的治水対策システムの最適設計―基礎概念と方法論―. 土木学会論文集 B 64：1-12.

堀見利昌（1981）山梨県の地方病概観.「地方病とのたたかい」（山梨地方病撲滅協力会 編）.

松浦茂樹, 藤井三樹夫（1993）明治初頭の河川行政. 土木史研究 13：145-160.

水野章二（2020）災害と生きる中世　旱魃・洪水・大風・害虫. 吉川弘文館.

水野信彦（1993）生活史の研究 1―産卵と発育.「河川の生態学（補訂版）」（沼田　真 監）. 築地書館.

宮崎佑介, 福井　歩（2018）はじめての魚類学　"好き" から魚博士へ！. オーム社.

虫明功臣, 太田猛彦 監修（2019）ダムと緑のダム―狂暴化する水災害に挑む流域マネジメント. 日経 BP.

村上哲生, 矢口　愛（2009）ザザムシ考―伊那地方の水棲昆虫食の起源と変遷―. 名古屋女子大学紀要 55：79-84.

安室　知（2005）水田漁撈の研究―稲作と漁撈の複合生業論. 慶友社.

山崎　健, 宮腰健司（2005）朝日遺跡出土の魚類遺存体. 愛知県教育サービスセンター愛知県埋蔵文化財センター研究紀要 6：34-45.

山本晃一（2017）河川堤防の技術史. 技報堂出版.

淀川水系イタセンパラ研究会 編集（2001）イタセンパラにとって好ましい河川環境とは：淀川水系イタセンパラ生息環境保全ビジョン. 大阪府環境農林水産部緑整備室.

渡辺勝敏, 高橋　洋, 北村晃寿ほか（2006a）日本産淡水魚類の分布域形成史：系統地理的アプローチとその展望. 魚類学雑誌 53：1-38.

渡辺恵三, 中村太士, 小林美樹ほか（2006b）河川の階層構造に着目したサクラマス幼魚の越冬環境―越冬環境を考慮した川づくりの提言―. 応用生態工学 9：151-165.

渡邊壮一（2017）排出と浸透圧調節.「魚類学」（矢部　衞, 桑村哲生, 都木靖彰 編）. 恒星社厚生閣.

用 語 索 引

生物名索引

著者略歴

にし ひろ じゅん
西 廣 淳
1971 年　千葉県に生まれる
1999 年　筑波大学大学院生物科学研
　　　　究科博士課程修了
現　在　国立環境研究所気候変動適
　　　　応センター室長
　　　　博士（理学）

たき けん た ろう
瀧 健太郎
1972 年　大阪府に生まれる
1998 年　京都大学大学院工学研究科
　　　　博士前期課程修了
現　在　滋賀県立大学環境科学部准
　　　　教授
　　　　博士（工学）

はら だ もり ひろ
原 田 守 啓
1976 年　静岡県に生まれる
2012 年　岐阜大学大学院工学研究科
　　　　博士後期課程修了
現　在　岐阜大学流域圏科学研究セ
　　　　ンター准教授
　　　　博士（工学）

みや ざき ゆう すけ
宮 崎 佑 介
1984 年　東京都に生まれる
2013 年　東京大学大学院農学生命科
　　　　学研究科博士課程修了
現　在　白梅学園短期大学保育科准
　　　　教授
　　　　博士（農学）

かわ ぐち よう いち
河 口 洋 一
1970 年　福井県に生まれる
2000 年　新潟大学大学院自然科学研
　　　　究科博士課程修了
現　在　徳島大学大学院社会産業理
　　　　工学研究部准教授
　　　　博士（学術）

みや した ただし
宮 下 直
1961 年　長野県に生まれる
1985 年　東京大学大学院農学系研究
　　　　科修士課程修了
現　在　東京大学大学院農学生命科
　　　　学研究科教授
　　　　博士（農学）

人と生態系のダイナミクス
5. 河川の歴史と未来　　　　　　　　　定価はカバーに表示

2021 年 9 月 1 日　初版第 1 刷
2023 年 2 月 25 日　　　第 3 刷

著　者　西　廣　　　淳
　　　　瀧　　健　太　郎
　　　　原　田　守　啓
　　　　宮　崎　佑　介
　　　　河　口　洋　一
　　　　宮　下　　　直
発行者　朝　倉　誠　造
発行所　株式会社　朝　倉　書　店
　　　　東京都新宿区新小川町 6-29
　　　　郵便番号　　162-8707
　　　　電話　03（3260）0141
　　　　FAX　03（3260）0180
　　　　https://www.asakura.co.jp

〈検印省略〉

教文堂・渡辺製本

上記価格（税別）は 2021 年 10 月現在